Easy Cook
食在家常

私房小厨

甘智荣 主编

U0222258

江苏凤凰科学技术出版社

图书在版编目（CIP）数据

私房小厨 / 甘智荣主编 . –– 南京 : 江苏凤凰科学
技术出版社 , 2018.7

ISBN 978-7-5537-8564-6

Ⅰ . ①私… Ⅱ . ①甘… Ⅲ . ①烹饪 – 方法 Ⅳ .
① TS972.11

中国版本图书馆 CIP 数据核字 (2017) 第 192464 号

私房小厨

主　　　编	甘智荣
责 任 编 辑	祝　萍　陈　艺
责 任 监 制	曹叶平　方　晨

出 版 发 行	江苏凤凰科学技术出版社
出版社地址	南京市湖南路 1 号 A 楼，邮编：210009
出版社网址	http://www.pspress.cn
印　　　刷	北京旭丰源印刷技术有限公司

开　　　本	718 mm × 1000 mm　　1/16
印　　　张	13
字　　　数	177 000
版　　　次	2018 年 7 月第 1 版
印　　　次	2021 年 11 月第 2 次印刷

标 准 书 号	ISBN 978-7-5537-8564-6
定　　　价	39.80 元

图书如有印装质量问题，可随时向我社出版科调换。

Preface | 序言

常听老辈人说中国有三把刀闻名于世，第一把刀便是厨房里的厨刀。吃是一种传统，也是一种文化，中国人擅于吃、精于做，厨房里的烹饪造诣自然非同寻常。吃是一种欲望，也是一种诱惑，很多人面对色香味俱全的食物，丧失定力也是自然反应。

俗话说"物以类聚，人以群分"，贪嘴的人们总能轻易地聚拢在一起，在人声鼎沸的酒楼、小馆、大排档，或小酌谈天，或胡吃海喝，惬意而畅快。店家自然是笑脸相迎，小心伺候，但当就餐人数众多时，不免滋生个别菜品选料不精、粗制乱作以及环境差等弊端。退一万步来说，菜还是那个菜，味道也还是那个味道，当吃的次数过于频繁，人也会觉得腻。即便美味当前，出现审美疲劳的人们也会觉得索然无味，总觉得少了点什么。于是，人们悄悄转移了大快朵颐的阵地，远离喧嚣的酒楼食肆，一头扎进静谧的深街窄巷中，去寻找家的温情与熟悉的味道。这让以菜式新奇、制作精细、强调就餐环境的私密性与舒适性的私房菜华丽登场。

说起私房菜的起源，不由得勾起老饕对那些美食传说的记忆。在旧时，富庶人家多聘用美厨司职日常烹饪和设宴待客。深宅大院的精舍中，端出在外面难得一见的拿手菜式，选料精细，刀工、火候、调味皆拿捏得恰到好处，宾客盛赞之余，主人的脸上也分外有光。

如今隐藏在城市各个角落里的私房小馆，或位置偏僻，或闹中取静，环境雅致而低调，不显山不露水。为营造绝佳的就餐环境，确保每一道菜的品质，主人对就餐时间、人数、菜单也都有着一定的限制。"人不过三五，菜不过十道"，这让私房菜成为一种精细美食的代名词。

在这本书中我们将为你揭开私房美食的面纱，实图介绍适合在春、夏、秋、冬不同季节里烹制的私房菜品，及其备料、烹制全过程。为了便于全方位了解、学习烹饪，我们也在书中插入了食材选择、刀工技巧、掌火上灶、烹饪调味等内容，以及主食、荤素搭配、精致小菜、甜品等知识。学会做几道拿手的私房菜，或自己一人独享，或邀几个友人同桌进餐，其味美美，其乐融融。你甚至可以开一家私房小馆，用心烹饪，尝试不同的创意构思与烹调技巧，推出只属于你自己的美食菜单。

阅读导航

菜式名称

每一道菜式都有着它的名字，我们将菜式名称放置在这里，以便于你在阅读时能一眼就找到它。

辅助信息

这里标记着这道菜的烹饪时间、口味、营养功效及适用人群。

松鼠鳜鱼

🕐 6分钟　　❌ 促进食欲

🔺 甜　　　　👤 老年人

这道菜是江南苏菜系的招牌菜，以绍兴老酒腌渍，对刀工和油炸的火候要求极高。成品菜色、香、味、形俱佳，蓬松的肉质外脆里嫩、鲜香味美，蘸着酸甜可口的稠汁，入口酥软。当年清朝乾隆皇帝造访苏州松鹤楼时曾对这道菜大加赞赏，"乾隆首创，苏菜独步"的名号让这道菜名震大江南北。

美食简介

没有故事的菜是不完整的，在这里我们将这道菜的所选食材、产地、调味、历史、地理、人文故事等留在这里，用最真实的文字和体验告诉你这道菜的魅力所在。

材料		调料	
鳜鱼	550克	绍兴老酒	5毫升
青豆	15克	盐	2克
松仁	5克	番茄酱	适量
柠檬	30克	白醋	5毫升
姜	10克	白糖	2克
葱	7克	淀粉	适量
		吉士粉	适量
		水淀粉	适量
		食用油	适量

材料与调料

在这里你能查找到烹制这道菜所需的所有调料名称、用量以及它们最初的样子。

菜品实图

这里将如实地为你呈现一道菜烹制完成后的最终样子，菜的样式是否悦目，是否会勾起你的食欲。此外，你也可以通过对照图片来检验自己动手烹制的菜品是否符合规范和要求。

36 私房小厨

步骤演示

你将看到烹制整道菜的全程实图及具体操作每一步的文字要点，它将引导你将最初的食材烹制成美味的食物，完整无遗漏，文字讲解更实用、更简练。

食材处理

❶ 鳜鱼宰杀洗净，切下鱼头，剔去脊骨、腩骨，两片鱼肉相连于鱼尾处。

❷ 改切麦穗花刀。

❸ 鱼肉加少许盐、料酒、姜、葱腌渍3分钟，裹上淀粉、吉士粉。

做法演示

❶ 锅中加清水，入剩余盐、油煮沸，入青豆焯熟捞出；松仁放入热油锅中炸片刻后捞出。

❷ 放入鱼头略炸，再将鱼尾、鱼身放入热油锅。

❸ 炸约2分钟呈金黄色，捞出装盘。

❹ 起油锅，入番茄酱、白醋、白糖搅匀，入清水、青豆、水淀粉、熟油拌匀，挤入柠檬汁制成稠汁。

❺ 将稠汁淋在鳜鱼上，撒上松仁即成。

小贴士

- 将鱼去鳞剖腹洗净后，放入器皿中，加一些黄酒腌渍，能去除鱼的腥味，并能使鱼滋味鲜美。
- 鲜鱼剖开洗净，在牛奶中泡一会儿既可除腥，又能增加鲜味。

食物相宜

增强免疫力

鳜鱼

+

白菜

利尿通便

鳜鱼

+

马蹄

食物相宜

结合实图为你列举这道菜中的某些食材与其他哪些食材搭配效果更好，以及它们搭配所能达到的营养功效。

养生常识

★ 鳜鱼含有蛋白质、脂肪、少量维生素、钙、钾、镁、硒等营养元素，肉质细嫩，极易消化。对儿童、老年人及体弱、脾胃消化功能不佳者来说，吃鳜鱼既能补虚，又不必担心消化困难。

小贴士 & 养生常识

在烹制菜肴的过程中，一些烹饪上的技术要点能帮助你一次就上手，一气呵成零失败，细数烹饪实战小窍门，绝不留私。了解必要的饮食养生常识，也能让你的饮食生活更合理、更健康。

Contents |目录

第 1 章
舌尖上的春意

第2章
吃在夏天

第3章
深秋的味道

第 4 章
冬日厨房

附录

食不厌精

几千年间食文化的发展让人们对吃早已超越了充饥果腹的本能，上升至"食不厌精，脍不厌细"的更高境界。在中国，大江南北的饮食环境有着巨大的地域性差别，林林总总的各系美食让人为之着迷，那些或浓或淡的菜品不仅能满足人们的口腹之欲，也承载着众多或深或浅的记忆。

中国人对吃分外讲究，大到选材配料、烹饪调味，小到刀工处理、盛盘装饰，每一个环节都力求尽善尽美。即便是寻常百姓的家常便饭、街头巷尾的特色小吃，也都粗粮细做、粗菜精做，在样式和口味上推陈出新，做到极致。

当人们要对一道菜加以品评时，其"色香味形质皿"的表现常被看作是最基本的参考指标。所谓的"色"是指菜品主料与辅料的色泽搭配、主辅料与汤汁的色泽搭配以及装饰材料色泽的契合度；"香"是指菜品所散发来的香气，如肉香、鱼香、菜香、果香等；"味"是指菜品所特有的滋味，如咸、甜、酸、辣等；"形"是指菜品中主辅料所具有的形状，以及整道菜盛盘后所呈现出的形象；"质"是指菜品自身所具备的营养价值，符合可食用的卫生标准，以及适合人体消化的熟、烂、脆、嫩程度；"皿"是指盛装菜品的器皿质地、形状、色泽、大小与菜品的相衬程度。

一道菜看似平凡，实际上却不简单。烹饪者费尽心机去收集当下最新鲜、最美味的食材，搭配出各种让人意想不到的风味组合。当极致的美味呈现在食客面前，食材的色彩、口味、营养、搭配、变化之妙尽收一处，充满着智慧、想象力、创造力以及来自大自然的种种元素。一些经典菜式背后甚至蕴藏着更为广泛的人文风土、审美情趣，以及更为深刻的历史传承意义，让人大饱口福之余，无形中享受了一次文化洗礼与精神盛宴。

千百年来，正是祖祖辈辈对生活的热爱，成就了人们对终极美食锲而不舍的追求。因此，从这种角度上来说，中国人的美食之旅一直在路上。

美食给人以享受，而品味美食则让人们学会对生命的尊重与感恩，对烹饪者所付出劳动的敬意，并时时刻刻准备着，等待迎接下一次诱人美味的来袭。

● 中餐与筷子形影不离，这种或竹木或金属等材质的食具能代替人手实现多种取食功能；头圆尾方的外形设计象征"天圆地方"，静置时更平稳，使用时也不易打滑，将中国元素的简约之美体现得淋漓尽致。

菜肴外在的"色"是其带给人的第一印象，多由食材本色、调味色组成，人们也常用辣椒、葱白、香菜等蔬菜来呈现丰富的视觉效果。

菜肴的"香"较复杂，多由食材的天然香气、熟后的香气以及调味香气组成，这些诱人的香气能勾起人的食欲。

"味"是衡量一道菜好与坏的关键，这些滋味、口感源自菜肴的主辅料以及烹饪方法。不同地域的人所偏爱的口"味"各不相同，但好滋味的基本原则都是"适口"。

厨师常会借助花刀雕刻来装饰，让菜肴更活灵活现，或更富有文化底蕴。

除了菜肴的美形、美味以外，营养也不容忽视。饮食讲究荤素结合，科学搭配、均衡膳食更健康。

以典雅的器皿盛装菜肴，能更突显品质与意境，让人赏心悦目。

至鲜食材

　　烹饪是一种基于食材原味的再创造，自然界中很多食材天生就具有梦幻般的口感和原味。人们根据生活经验有意识地将食材进行搭配、烹饪、调味，进而成就了一个个美食传奇。市场交易为我们提供了获取这些食材的途径，色泽、外形、气味是它们的标签，要选购自己想要的珍宝就只能靠我们各自的眼力了。

蔬菜类

白菜

　　叶子带光泽，且颇具重量感的更新鲜。

生菜

　　以叶片肥厚、叶质鲜嫩、大小适中的为佳。

香菜

　　挑选苗壮、叶肥、新鲜，长短适中，带有浓郁香气者为佳。

花菜

　　应挑选花球雪白、坚实，花柱细、肉厚而脆嫩的。

荷兰豆

　　以豆荚颜色翠绿或是未枯黄，且有脆度的最好。

白萝卜

　　皮细嫩光滑，根形圆整，以手指轻弹，声音沉重、结实的为佳。

竹笋

　　选购竹笋首先要看色泽，外表具有光泽的为上品。

茄子

　　外表呈深黑紫色，具有光泽，且蒂头带有硬刺的茄子为佳。

芦笋

　　在出土前采收的芦笋幼茎，色白幼嫩，称为白芦笋；出土见光后采收的幼茎呈绿色，称为青芦笋。选购时，白芦笋以全株洁白、形状正直、笋尖鳞片紧密为佳；青芦笋尖鳞片紧密、笋茎粗大、质地脆嫩者，吃起来口感更好。

红薯

　　优先挑选纺锤形状、表皮光滑、无霉味的。

土豆

　　应选表皮光滑、个体大小一致、没有发芽的土豆为好。

黄瓜

　　色泽翠绿有光泽，顶花带刺，前端茎部切口新鲜、嫩绿的为好。

苦瓜

　　以果肉晶莹肥厚、瓜体嫩绿、皱纹深、掐一下有水分、末端有黄色者为佳。

南瓜

　　外形完整，用手掐一下南瓜皮，如果表皮坚硬不留痕迹，说明南瓜老熟、较甜。同等大小的情况下，分量较重的更好。

山药

　　表皮光洁，外形长度适中、无弯曲，直径在 3 厘米左右，掰断后断层雪白，有黏液且黏液多的山药为佳。

玉米

　　挑选苞大、籽粒饱满、排列紧密、软硬适中、老嫩适宜、质糯无虫者。

西红柿

　　果蒂硬挺，且四果蒂周仍呈绿色的西红柿更新鲜一些。

蘑菇

　　外观完整，大小适中或偏小的更为鲜嫩，以手触摸时表面爽滑，稍有湿润感，闻起来气味纯正清香的更佳。

蛋类

● 松花蛋

● 鸡蛋

● 鸭蛋

● 鹅蛋

松花蛋

包装无发霉、蛋壳完整，壳色呈青缸色，轻轻摇动无水响声或撞击声；在灯光下看大部分呈黑色或深褐色，小部分呈黄色或浅红色的较佳。

鸡蛋

选择外观完整无破损，表面粗糙无光泽，轻轻摇动无声音的；蛋的形状越圆者，里面的蛋黄越大，蛋壳越粗糙的，蛋越新鲜。

鸭蛋

新鲜鸭蛋外观完整无破损，表面粗糙；咸鸭蛋以外壳发青、圆润光滑、干净无裂缝为佳，剥开后蛋白洁白，蛋黄嫩黄、有油脂。

鹅蛋

鹅蛋个体比鸡蛋、鸭蛋稍大，表面较光滑，颜色呈白色，上下均匀，外形越接近椭圆形的越好。

豆腐

北豆腐

北豆腐又称老豆腐，一般以盐卤（氯化镁）点制，其特点是硬度较大、韧性较强、含水量较低，口感很"粗"，味微甜略苦，但蛋白质含量最高，宜煎、炸、做馅等。

南豆腐

南豆腐又称嫩豆腐、软豆腐，一般以石膏（硫酸钙）点制，其特点是质地细嫩、富有弹性、含水量大、味甘而鲜，蛋白质含量在 5% 以上。烹调宜拌、炒、烩、汆、烧及做羹等。

豆腐干

豆腐干有方干、圆干、香干之分。质量好的豆腐干，表面较干燥，手感坚韧、质细，气味香。

日本豆腐

日本豆腐以鸡蛋、水、植物蛋白和其他调味料制成，并不含有任何豆类成分。但同时具备豆腐的嫩滑口感与鸡蛋的清香。

肉类和水产

猪肉

肉质呈均匀的红色，有光泽，脂肪洁白；外表微干或微湿润，不黏；指压后凹陷立即恢复；具有鲜猪肉的正常气味。

牛肉

肉质呈均匀的红色且有光泽，脂肪为洁白或淡黄色；外表微干或有风干膜，用手触摸不黏手，富有弹性。

羊肉

肉质鲜红，纹理细腻；用手触摸坚实、有弹性，不黏手；闻起来有羊肉所特有的膻味，气味自然而无腐败、腥臭等异味。

鸡肉

新鲜鸡眼球饱满，肉皮有光泽，因品种不同可呈淡黄、淡红和灰白等颜色，具有新鲜鸡肉的正常气味；肉表面微干或微湿润，不黏手，指压后凹陷处能立即恢复。

鸭肉

好的鸭肉新鲜、脂肪有光泽。注过水的鸭，翅膀下一般有红针点或乌黑色，其皮层有打滑的现象，肉质也特别有弹性，用手轻轻拍一下，会发出"噗噗"的声音。

虾

虾以鲜活的为好，不鲜活的淡水虾也要选择体形完整，甲壳透明有光泽，须、足无损，体硬，头节与躯体紧连，虾肉与虾脑不散，脑中有黄红色浆液者。

鱼肉

质量上乘的鲜鱼，眼睛光亮透明，眼球略凸，眼珠周围没有充血而发红；鱼鳞光亮、整洁、紧贴鱼身；鱼鳃紧闭，呈鲜红或紫红色，无异味；腹部发白，不膨胀；鱼体挺而不软，有弹性。

螃蟹

螃蟹要买活的，最优质的螃蟹蟹壳青绿、有光泽，连续吐泡有声音，翻扣在地上能很快翻转过来。蟹腿完整、坚实、肥壮，腿毛顺，爬得快，蟹螯灵活劲大，腹部灰白，脐部完整饱满，用手捏有充实感，分量较重。

运刀如风

刀工是美食加工、烹饪的重要环节，一个刀工纯熟、经验丰富的烹饪者对即将入锅的食材形状、大小、粗细、薄厚了然于心，能借助切法尽量弥补食材的不足，并将一种或几种食材的优势发挥到极致。

基本动作

❶ **站案**。身体与菜墩保持适当距离，两脚自然分立，重心平稳，全身放松；上身稍向前倾，略挺胸，两肩要平，目光注视斜下方的双手位置。

❷ **操刀**。以自己习惯的右手或左手握刀，拇指和食指夹住刀箍处，其余三指和手掌握住刀柄；刀柄要能握实，又不会影响手腕的灵活度，可以将刀操控自如的程度。

❸ **运刀**。凝神静气，注意力集中，确保安全第一，左手固定住食材平稳、不移动，看准下刀位置，借助臂力和腕力，两手协调配合，切的动作准确、连贯。

❹ **手法**。切割动作规范，手法干净、利落，不拖泥带水，切好的材料规整，大小一致，薄厚均匀，切完后放置整齐，将工具清洗干净。

基础切法

❶ **直切**。左手按稳食材，右手握刀，刀口垂直向下，左手中指关节抵住刀身，右手借助腕力向下直切，同时左手平稳向后移动，准备切下一刀。这种切法比较适用于有脆性的食材。

❷ **推切**。刀口垂直向下，右手握刀将重心放于刀刃的后端，切割时借腕力将刀刃向前推送。这种切法比较适用于松软的食材。

❸ **拉切**。这种切法与推切正相反，刀口垂直向下，右手握刀将重心放于刀刃的前端，切割时借腕力将刀刃向后拉收。这种切法比较适用于有韧性的食材。

❹ **锯切**。这种切法是推切、拉切的结合体，刀口垂直向下，右手握刀借腕力将刀刃向前推送，再向后拉收，推拉之间将食材慢慢磨切断。这种切法比较适用于将松软的食材切薄片或者比较厚的韧性食材。

❺ **铡切**。右手握刀柄，左手握住刀背的前端，刀口垂直向下，双手平稳、均匀、迅速地用力压切。这种切法比较适用于带有软骨或体小形圆的食材。

❻ **滚切**。左手按稳食材留出一个倾斜角度，右手握刀，刀口向下斜度适中，每切一刀后将食材滚动一次。这种切法比较适用于将圆形或椭圆形的脆性蔬菜切成块或者片。

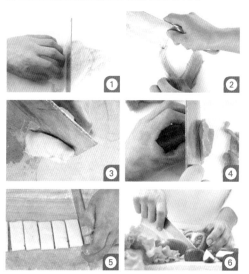

基础刀工

❶ 切块。切块的规格大小视菜式而定，以宜熟、适口为准，整体上大小均匀即可。如果要切圆形或椭圆形的脆性蔬菜，如土豆、茄子等，可以使用滚切法切成滚刀块。

❷ 切片。切片是一种最为常见的切割加工方法，也是切丝、切丁的基础，一些长圆形的食材，如黄瓜、火腿，向下直切可以切成圆形的片，倾斜一点儿角度可以切成椭圆形的片，而将椭圆形的片整齐铺开，即可以切成较长的丝。

❸ 切丝。先将食材切成片状，片的薄厚均匀程度决定了丝的粗细均匀程度，将食材片整齐铺开，由一端开始依次直切即成丝。

❹ 切段。将长形的食材可直接切成既定长度的段，或者将长形的食材先纵向切开，如黄瓜，切成条状后再横向截切成长度均匀的段。

❺ 切丁。先将食材切成稍厚一点的片，片的薄厚程度决定了丁的大小，然后切成条形，再旋转90度横向直切成均匀整齐的丁。

实用切法

牛羊肉的肌肉纤维组织较粗，所以在切时要横着肌肉纹路切，这样切好的肉容易入味，也容易咀嚼。烹煮前也可以先用刀背拍打牛肉，破坏其纤维组织，这样可减轻韧度，口感更松软适口。

猪肉肉质较嫩，沿着肌肉纹路横切易碎，顺切易老，所以要顺着肌肉纹路稍稍斜一点儿切，这样口感最好。而对于肉质最为细嫩的鸡肉，要顺着肌肉纹路切，以免切碎或熟透后呈粒屑状。

掌火上灶

火，为人类带来了光、热与文明。人们对火充满了敬畏，对熟食的依赖更加深了人们对食物口感、口味上的痴迷。在经过不断摸索与钻研之后，如今人们可以借助不同火力烹制出各种美味的食物，这让掌火上灶俨然成为一种颇具技术含量的艺术，成为进阶美食家的必修功课。

所谓"烹"，即是人们运用火力来把食材加热熟制。

所谓"调"，即是合理选取和搭配各种食材、辅料、调料。

火候掌握

大火

也称为旺火，火焰高而稳定，可以快速地提升锅温，烹饪的时间较短，适用于生炒、爆炒和滑炒，较利于保持食材的鲜嫩口感。大火煲汤是以汤中央"起菊心——像一朵盛开的大菊花"为度，每小时消耗水量约 20%。煲老火汤，主要是以大火煲开、小火煲透的方式来烹调。

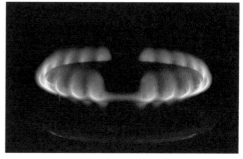

小火

也称为文火，火力强度较低，适用于炖煮、烧等，可以通过小火慢炖使不易熟的食材缓慢加热至烂熟，也可以通过不停翻炒使食材受热更均匀，熟化更充分。小火煲汤是以汤中央呈"菊花心——像一朵半开的菊花心"为准，耗水量约每小时 10%。

中火

也称为慢火，火力强度介于大火和小火之间，适用于熟炒、烹炸，较利于烹饪汤汁较多的菜，能使其更充分地入味。

火候变化

烹饪技法通常有着约定俗成的火候使用原则，如炒、爆、炸、熘多用大火，而煎、炖、煮、焖则多用中火或小火。但这也不能拘泥形式、不知变通，每种菜肴的烹饪技法与火候运用还是要灵活掌握，积累经验，结合烹饪中的实际情况，才能将火候运用得出神入化。

以炸、炒、爆烹饪的菜肴其食材多小而薄，使用大火可以缩短加热时间，最大限度地保留食材清鲜脆嫩的口感，营养成分也不会过多损失。以煎、烧、烩烹饪的菜肴常用中火，或者是先中火，再转小火；有时也需要将汤汁以大火烧滚后，再转中火或小火收汤。以炖、煮烹饪的菜肴需要长时间地持续加热，故多用小火。即便是鲜有见到的以大火起手的时候，大火加热的时间也通常极短。

根据烹饪食材的质地确定火候，如绵软脆嫩的食材多用大火速成，粗老硬韧的食材多用小火慢成。

根据烹饪食材的形状确定火候，如大块的食材受热面小，需小火慢慢加热才易熟透；而单薄细碎的食材受热面大，大火速即可。

当烹饪前的初步加工使食材的质地、外形发生改变，适用火候也要随时调整，如食材切丝、汆水、过油都要相应缩短烹饪时间。

烹饪菜品所用的食材总量也会影响到火候的使用，通常所用食材的总量越大，所需火候越足，烹饪时间越长。

油温掌握

油是人们在烹饪食材时最常用的介质，油的沸点要比水高很多，可达 300℃以上，加热后的油可以让食材在高温条件下快速熟化、脱水，吃起来格外脆嫩鲜香。油温常随着火候、食材投入量的变化而变化，它的高与低非常考验烹饪者的经验与技巧。

当油被加热到一定程度时，油就会生成一定量的烟。因不同油品的种类、生熟的差异，其发烟点也有着显著的差异。通常来说，生豆油的发烟点是 210℃，熟豆油的发烟点是 223℃，花生油的发烟点是 170℃ ~ 190℃，而猪油的发烟点是 221℃。

❶ **冷油温**：俗称一二成热时，这时的油面平静，食材、调料投入锅中也没有任何反应。

❷ **低油温**：俗称三四成热时，油温达到 90℃ ~ 130℃，这时的油面较平静，没有青烟出现，或有少许气泡在锅底出现，并伴有微弱的"沙沙"声，将手移至油面上方能感觉到微微的热力，投入食材后会有少量气泡。这种油温适用于软炸、滑炒、干熘等，可去除水分、保持口感的鲜嫩。

❸ **中油温**：俗称五六成热时，油温达到 130℃ ~ 170℃，这时的油面开始波动，油从四周向中间翻动中会有少量青烟出现，气泡较多，并伴有"哗哗"声，将手移至油面上方能感觉到明显的热力，投入食材后会有大量气泡。这种油温适用于干炸、炒、烧等，可脆皮增香、定形而不易碎。

❹ **高油温**：俗称七八成热时，油温达到 170℃ ~ 230℃，这时的油面继续波动，油从四周向中间翻动中会有大量青烟出现，气泡涌现，并伴有炸裂声，投入食材后会产生大量气泡并噼啪作响。这种油温适用于重油炸、爆等，可脆皮增香、加热熟透。

烹饪技巧

对于食材来说，烹饪的方法可以有很多种，煎、炒、烹、炸总有一种能如你所愿，将它做成一道色、香、味俱全的菜肴。这些烹饪技艺是厨房菜鸟进阶成厨房达人的必修之路，人们可以根据食材的特性，选择适合食材的烹饪方法，这样既可以让营养更丰富，也可以让味道更鲜美。下面将教您各种烹饪方法的操作要领，让您运用自如。

炒菜是中国菜区别于其他菜肴的基本特征，在英文中并无"炒"的单词，而是用"油炸"的单词"fried"代替。炒菜是中国菜的基础制作方法，将适量油加入特制的凹形锅内，以火热传导到铁锅中的热度为载体，将作料和一种或几种菜倒入锅内后用特制工具锅铲翻动将菜炒熟的烹饪过程。

炒是最广泛使用的一种烹调方法，以油为主要导热体，将小型原料用中大火在较短时间内加热成熟，调味成菜的一种烹饪方法。

操作过程：

❶ 将材料洗净，切好备用。

❷ 锅烧热，加底油，用葱、姜末炝锅。

❸ 放入加工成丝、片、块状的材料，直接用大火翻炒至熟，调味装盘即可。

要点：

❶ 炒的时候，油量的多少一定要视材料的多少而定。

❷ 操作时，一定要先将锅烧热，再下油，一般将油锅烧至六七成热为佳。

❸ 火力的大小和油温的高低要根据材料的材质而定。

在此介绍一些对于刚入门的新手来说非常实用的小技巧。炒菜时，锅内尽可能不存有水分，因为锅里有水分时最容易溅油，要等水干了以后再放油，放菜之前在油里放一点盐，可以很好地防止溅油。多数材料都有其独特的味道，这种味道就叫本味，烹调时不宜放过多调料而改变其材料本味，只有火候适当而调料适量时才能将原味烹调出来。

● 最好选用铁锅炒菜，不仅维生素损失少，还可为人体补充铁质。

炒菜分为生炒、熟炒、滑炒、清炒、抓炒、软炒、焦炒、煸炒等。炒字前面所冠之字，就是各种炒法的基本概念。

生炒又称火边炒，基本特点是主料不论植物性的还是动物性的，必须是生的，而且不挂糊和上浆；先将主料放入沸油锅中，炒至五六成熟，再放入辅料，辅料易熟的可迟放，不易熟的与主料一齐放入，然后加入调料，迅速颠翻几下，断生即好。这种炒法做的成品，汤汁很少，清爽脆嫩。

熟炒一般先将大块的主料加工成半熟或全熟（煮、烧、蒸或炸熟等），然后改刀成片、块、丝、丁、条等形状，放入沸油锅内略炒，依次加入辅料、调料和少许汤汁，翻炒几下即成。熟炒的主料大都不挂糊，起锅时一般用湿淀粉勾成薄芡，也有用豆瓣酱、甜面酱等调料烹制而不再勾芡的。熟炒菜的特点是略带卤汁、酥脆入味。

滑炒所用的主料是生的，而且必须先经过上浆和滑油处理，方能与辅料同炒。

清炒与滑炒基本相同，不同之处是不用芡汁，而且通常只用主料而无辅料，但也有放辅料的。

抓炒是一种将抓和炒相结合的炒法，先将主料挂糊和过油炸透、炸焦后，再与芡汁一同快炒而成。抓糊的方法有两种，一种是用鸡蛋液把淀粉调成粥状糊；一种是用清水把淀粉调成粥状糊。

软炒是将生的主料加工成泥茸，用汤或水澥成液状（有的主料本身就是液状），再用适量的热油拌炒，成菜松软、色白似雪。软炒菜肴非常嫩滑，但应注意在主料下锅后，必须使主料散开，以防止主料挂糊粘连成块。

焦炒将加工的小型原料根据菜肴的不同要求，或直接炸或拍粉炸或挂糊炸再经用清汁或芡汁调味而成菜的技法。先将主料出骨，经调味品拌脆，再用蛋清淀粉上浆，放入五六成热的温油锅中，边炒边使油温上升，炒到油温约九成热时出锅；再炒辅料，待辅料快熟时，投入主料同炒几下，加些卤汁，勾薄芡起锅。

煸炒又称干炒、干煸，就是炒干主料的水分，使主料干香酥脆。煸炒是将不挂糊的小型原料，经调料拌腌后，放入八成热的油锅中迅速翻炒，炒到外面焦黄时，再加辅料及调料同炒几下，待全部卤汁被主料吸收后，即可出锅。煸炒菜肴的一般特点是干香、酥脆、略带麻辣。

拌是一种冷菜的烹饪方法，操作时把生的主料或晾凉的熟料切成小型的丝、条、片、丁、块等形状，再加上各种调料，拌匀即可。

操作过程：

❶ 将主料洗净，根据其属性切成丝、条、片、丁或块，放入盘中。

❷ 将主料放入沸水中焯烫一下捞出，再放入凉开水中没透，捞出控净水，入盘。

❸ 将蒜、葱等洗净，并添加盐、醋、香油等调料，浇在盘内菜上，拌匀即成。

腌是一种冷菜烹饪方法，是将材料放在调味卤汁中浸渍，或者用调料涂抹、拌和材料，使其部分水分排出，从而使味汁渗入其中。

操作过程：

❶ 将原材料洗净，控干水分，根据其属性切成丝、条、片、丁或块。

❷ 锅中加卤汁调料煮开，凉后倒入容器中。将原料放入容器中密封，腌7~10天即可。

❸ 食用时可依个人口味加入辣椒油、白糖、味精等调味。

卤是一种冷菜烹饪方法，指经加工处理的大块或完整主料，放入调好的卤汁中加热煮熟，使卤汁的鲜香滋味渗透进材料的烹饪方法。调好的卤汁可长期使用，而且越用越香。

操作过程：

❶ 将材料洗净，入沸水中汆烫以祛污除味，捞出后控干水分。

❷ 将材料放入卤水中，小火慢卤，使其充分入味，卤好后取出，晾凉。

❸ 将卤好晾凉的材料放入容器中，加入蒜末、味精、酱油等调料拌匀，装盘即可。

熘是一种热菜烹饪方法，在烹调中应用较广。它是先把材料经油炸或蒸煮、滑油等预热加工使其熟，然后把成熟的主料放入调制好的卤汁中搅拌，或把卤汁浇在成熟的主料上。

操作过程：

❶ 将材料洗净，切好备用。

❷ 将材料经油炸或滑油等预热加工使成熟。

❸ 将调制好的卤汁放入成熟的材料中搅拌，装盘即可。

烧是烹调中国菜肴的一种常用技法，先将主料进行一次或两次以上的预热处理之后，放入汤中调味，大火烧开后小火烧至入味，再用大火收汁成菜的烹调方法。

操作过程：

❶ 将材料洗净，切好备用。

❷ 将材料放入锅中加水烧开，加调料，改用小火烧至入味。

❸ 用大火收汁，调味后，起锅装盘即可。

焖是从烧演变而来的，是将加工处理后的材料放入锅中加适量的汤水和调料，盖紧锅盖，烧开后改用小火进行较长时间的加热，待材料酥软入味后，留少量味汁成菜的烹饪方法。

操作过程：

❶ 将原材料洗净，切好备用。

❷ 将原材料与调料一起炒香后，倒入汤汁。

❸ 盖紧锅盖，改中小火焖至熟软后改大火收汁，装盘即可。

蒸是一种重要的烹调方法，其原理是将主料放在容器中，以蒸汽加热，使调好味的材料成熟或酥烂入味。其特点是保留了菜肴的原形、原汁、原味。

操作过程：

❶ 将原材料洗净，切好备用。

❷ 将原材料用调料调好味，摆于盘中。

❸ 将其放入蒸锅，用大火蒸熟后取出即可。

炸是油锅加热后，放入材料，以热油为介质，使其成熟的一种烹饪方法。采用这种方法烹饪的材料，一般要间隔炸 2 次才能酥脆。炸制菜肴的特点是香、酥、脆、嫩。

操作过程：

❶ 将原材料洗净，切好备用。

❷ 将原材料腌渍入味或用水淀粉搅拌均匀。

❸ 锅下油烧热，放入材料炸至焦黄，捞出控油，装盘即可。

炖是指将材料加入汤水及调料，先用大火烧沸，然后转成中小火，长时间烧煮的烹调方法。炖出来的汤的特点是滋味鲜浓、香气醇厚。

操作过程：

❶ 将材料洗净，切好，入沸水锅中汆烫。

❷ 锅中加适量清水，放入材料，大火烧开，改用小火慢慢炖至酥烂。

❸ 加入调料即可。

煮是将材料放在多量的汤汁或清水中，先用大火煮沸，再用中火或小火慢慢煮熟。煮不同于炖，煮比炖的时间要短，一般适用于体小、质软类的材料。

操作过程：

❶ 将材料洗净，切好。

❷ 油烧热，放入材料稍炒，注入适量的清水或汤汁，用大火煮沸，改用中火煮至熟。

❸ 放入调料即可。

煲就是将材料用小火煮，慢慢地熬。煲汤往往选择富含蛋白质的动物食材，一般需要煲3个小时左右。

操作过程：

❶ 先将材料洗净，切好备用。

❷ 将材料放锅中，加足冷水，用大火煮沸，改用小火续煮20分钟，加姜和料酒等调料。

❸ 待水再沸后用中火保持沸腾3~4小时，待浓汤呈乳白色即可。

烩是指将材料油炸或煮熟后改刀，放入锅内加辅料、调料、高汤烩制的烹饪方法，这种方法多用于烹制鱼虾、肉丝、肉片等。

操作过程：

❶ 将所有材料洗净，切块或切丝。

❷ 炒锅加油烧热，将材料略炒，或汆水之后加适量清水，再加调料，用大火煮片刻。

❸ 加入芡汁勾芡，搅拌均匀即可。

焯水（汆烫）

焯水就是将初步加工的材料放在开水锅中加热至半熟或全熟，取出以备进一步烹调或调味，是烹调中（特别是凉拌菜）不可缺少的一道工序，对菜肴的色、香、味，特别是色起着关键作用。焯水的适用范围较广，大部分蔬菜都需要焯水。大部分带腥气的肉类则需要汆烫。

焯水的方法主要有两种：一种是开水锅焯水；另一种是冷水锅焯水。

1. 开水锅焯水。就是将锅内的水加热至滚开，然后将材料下锅。下锅后及时翻动，时间要短，要讲究色、脆、嫩，不要过火。这种方法多用于植物性原料，如芹菜、菠菜、莴笋等。

2. 冷水锅焯水。是将原料与冷水同时下锅，水要没过原料，然后烧开，目的是使材料成熟，便于进一步加工。土豆、胡萝卜等因体积大，不易成熟，需要煮的时间长一些。有些

动物性原料，如白肉、牛百叶、牛肚等，也是冷水下锅加热成熟后再进一步加工的（即汆烫）。有些用于煮汤的动物性原料也要冷水下锅，在加热过程中使营养物质逐渐溢出，使汤味鲜美，如用热水锅，则会造成蛋白质凝固。

上浆

在切好的材料下锅之前，给其表面挂上一层浆或糊之类的保护膜，这一处理过程叫上浆或挂糊（稀者为浆，稠者为糊）。

上浆的作用主要有以下两点：

1. 上浆能保持材料中的水分和鲜味，使烹调出来的菜肴具有滑、嫩、柔、脆、酥、香、松或外焦里嫩等特点。

2. 上浆能保持材料不碎不烂，增加菜肴形与色的美观。

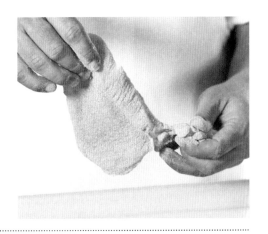

过油

过油是将备用的材料放入油锅进行初步热处理的过程。过油不仅能使菜肴的口感滑嫩软润，保持和增加材料的鲜艳色泽，而且富有风味特色，还能去除材料的异味。过油必须在大火热油中进行，而且锅内的油量以能浸没材料为宜。材料投入后由于材料中的水分在遇高温时立即气化，易将热油溅出，须注意防止烫伤。

过油时要根据油锅的大小、材料的性质以及投料多少等方面正确地掌握油的温度。

1. 根据火力的大小掌握油温。急火，可使油温迅速升高，但极易造成互相粘连散不开或出现焦煳现象；慢火，材料在火力比较慢、油温低的情况下投入，则会使油温迅速下降，出现脱浆，从而达不到菜肴的要求，故材料下锅时油温应高些。

2. 根据投料数量的多少掌握油温。投料数量多，材料下锅时油温可高一些，投料数量少，材料下锅时油温应低一些。

3. 油温还应根据材料质地老嫩和形状大小等情况适当掌握。

勾芡

勾芡是在菜肴接近成熟时，将调好的淀粉汁淋入锅内，使汤汁稠浓，增加汤汁对材料的附着力，从而使菜肴汤汁的浓度增加，改善菜肴的色泽和味道。

要勾好芡，需掌握几个关键：

1. 掌握好勾芡时间。一般应在菜肴九成熟时进行，过早勾芡会使汤汁发焦，过迟勾芡易使菜受热时间长，失去脆、嫩的口感。

2. 勾芡的菜肴用油不能太多，否则卤汁不易粘在材料上，不能达到增鲜、美形的目的。

3. 菜肴汤汁要适当。汤汁过多或过少，会造成芡汁的过稀或过稠，从而影响菜肴的质量。

4. 在用单纯粉汁勾芡时，必须先将菜肴的口味、色泽调好，然后淋入水淀粉勾芡，才能保证菜肴的味美色艳。

调味秘诀

调味是一道菜肴加热制熟过程中的关键环节，入味与否，美味与否，则取决于烹饪者的调味技巧与烹饪经验。

调味原则

1. 因菜调味。要熟悉各种调料的性质和用量，结合菜肴的口味正确、适量投放。对于滋味较丰富的菜式，要特别留意主料、辅料、调料的主次关系，或酸甜，或香辣，或咸鲜，调料的用量适度至关重要。

2. 因料调味。对于新鲜蔬菜、鱼虾等食材，调味宜淡，应避免过度调味而掩盖其天然鲜味，以免有画蛇添足之嫌；对于不新鲜或腥膻味较重的食材，可使用糖、醋、料酒、葱、姜、蒜、胡椒粉等来帮助祛除异味、祛除腥膻、增添鲜味；而对于自身鲜味不足的食材，可适当加量调味来补足鲜味。

3. 因时因地因人调味。不同的时节，人的口味会根据温度、环境发生细微的变化，如在寒冷的冬天，人更偏爱甘厚肥浓的菜品，而到了炎热的夏季则更偏爱清淡爽口的菜品。不同地域的人其口味偏爱也大相径庭，这与当地的气候、物产、人文环境、饮食习惯相关，因此在烹饪调味时要有所侧重，在遵循菜肴基本风味特征的前提下，做到以人为本、因人调味。

4. 选料得当。菜肴的风味特征与选料、配料息息相关，优质的食材、调料是获取最佳风味的钥匙。通常来说，烹制地方风味以选用该地食材、调料优先，如在烹制川菜时，若选用四川当地的食材、辣椒、花椒、盐，口味会更加纯正、地道。

何时调味

若要将烹饪调味的过程加以细分，人们可以发现通常有三个关键的调味时间点：一是加热前的调味，二是加热中的调味，三是加热后的调味。

加热前的调味，通常是有选择地保留食材的某个基本味，同时注意剔除某些腥膻气味。如使用盐、料酒、酱油等调味品或特殊汤汁、作料对一些材料加以浸渍、搅拌等，使后者完成初步的入味。

加热中的调味，即是在烹饪过程中，选择适宜的时机参照菜肴的基本调味要求，依个人口味加以调味，这一步将决定菜肴的最终口味，菜肴或酸，或甜，或苦，或辣，或咸的特征也由此开始正式显现。

加热后的调味，通常被看作是一种"辅助调味"，它将对加热后的菜肴某些风味上的不足加以弥补，使其色、香、味的特征更丰富、更均衡，如某些菜品盛盘后会额外撒椒盐、芝麻，额外浇上酱料、汤汁、辣椒油，额外配以调味的小料等。

常见调味品

盐

　　盐是人们加工烹饪食物最常用的调味品，被称为"百味之王"。它具有咸的味道，烹饪时适量加入可用于调味、提鲜、解腻、去腥。通常在炒肉菜时，炒至八成熟时是放盐的最佳时机，否则肉的口感容易变老；而在炒素菜时宜早放盐，便于蔬菜热熟的同时，减少营养成分的流失。

糖

　　糖是人们生活中频繁出现的调料，它具有甜的味道。人们在烹饪时添加糖，赋予菜肴甜味、香气和色泽，也能缓和酸味和辣味的刺激，同时让食材在较长的时间里保持潮润状态与柔嫩的口感。在制作糖醋鱼时，宜先放糖后放盐，以利于甜味入味；其他简单菜肴以糖调味，则在炒菜过程中加入。

醋

　　醋是一种发酵的酸味液态调味品，它以酸味为主，且有芳香味。醋在烹饪中的价值在于去腥解腻，增加鲜味和香味。烹饪加醋的最佳时机在"两头"，有些蔬菜下锅后立刻加醋能帮助减轻维生素在高温加热中的损失；而一些厚味、油腻的肉类菜，在出锅前加一点醋有利于解腻、增香。

酱油

　　酱油是中国的传统调味品，它具有独特的酱香，滋味鲜美，烹饪时添加酱油可增加香味，使菜色浓丽，有助于促进食欲。根据烹饪方法与要求的不同，酱油的使用方法也大不一样，由于在锅里高温久煮会破坏酱油的营养成分并失去鲜味，因此烹饪时多数建议在即将出锅之前放酱油。

料酒

　　料酒是以糯米为主要原料酿制的液态调料，它具有柔和的酒味和特殊的香气，在烹饪中的主要作用就是祛腥解腻、增加鲜味和香气。对于腥膻味较重的鱼、肉类，烹饪前以料酒浸渍能帮助去除异味。此外，料酒通常在烹饪过程中锅内温度最高时加入，可以使腥膻味与乙醇溶解，并一同挥发掉。

味精

　　味精是从大豆、小麦、海带及其他含蛋白质物质中提取的，味道鲜美，在烹饪中主要起到提鲜、助香、增味的作用。当烹饪时锅内温度达到120℃以上时，味精会变成焦化谷氨酸钠，不仅没有鲜味，还有毒性；而味精在70℃～90℃时的调味效果最好，所以最好的加入时机是炒好起锅时。

第**1**章

舌尖上的春意

在春意融融的日子里，林林总总的食材都按捺不住寂寞，要登上人们的餐桌，清淡的、鲜香的、脆嫩的，应有尽有，有时甚至无须刻意去烹饪调味，便能呈现出诱人的色香味。美食当前，除了心怀感激，还要用心享受大自然的馈赠。

草菇烧豆腐

⏰ 3.5 分钟　　✂ 增强免疫力

⏲ 鲜　　☺ 儿童

　　草菇最初是一种野生食用菌，数百年前在中国被僧人发现后开始人工栽培，后栽种技术传至世界各地。草菇营养丰富，味道鲜美，与豆腐搭配是绝佳的菜肴。这道草菇烧豆腐口感细嫩、肥厚、爽滑，尝一口，鲜香的汁液溢满口腔，余味不绝。

材料		调料	
草菇	120 克	盐	3 克
豆腐	200 克	水淀粉	10 毫升
胡萝卜片	20 克	蚝油	3 毫升
葱段	5 克	老抽	3 毫升
		白糖	2 克
		鸡精	1 克
		芝麻油	适量
		食用油	适量
		高汤	适量

❶ 将洗净的草菇切成片。

❷ 将洗净的豆腐切成块。

❸ 向锅中注入适量清水。

❹ 加入少许盐。

❺ 倒入草菇、豆腐搅匀。

❻ 焯熟后捞出装盘。

做法演示

❶ 用油起锅，倒入少许葱段爆香。

❷ 倒入豆腐、草菇、胡萝卜片，拌炒匀。

❸ 加入高汤烧煮片刻。

❹ 加入蚝油、老抽炒匀，加入剩余盐、鸡精、白糖调味。

❺ 用水淀粉勾芡。

❻ 淋入芝麻油炒均匀。

❼ 撒上余下的葱段拌炒均匀。

❽ 盛出装盘即成。

养生常识

★ 草菇的维生素C含量高，能促进人体新陈代谢，提高机体免疫力。

★ 草菇具有解毒作用，能够清除进入体内的铅、砷、苯等重金属元素。

食物相宜

增强免疫力

草菇

牛肉

降压降脂

草菇

豆腐

补脾益气

草菇

猪肉

御府鸭块

⏰ 15 分钟　　✖ 增强免疫力

⬛ 清淡　　☺ 一般人群

　　鸭肉有滋补、养胃的功效，是人们日常生活的食补佳品。这道御府鸭块从"满汉全席"传入民间，以少许料酒和盐腌渍后肉香更浓，汇聚多种食材，精工细作，尽显皇家风范。

材料

净鸭肉	400 克
水发腐竹	120 克
水发香菇	100 克
油豆腐	150 克
冬笋	150 克
姜片	适量
葱段	适量
蒜片	适量
火腿	5 克
生菜叶	5 克
胡萝卜片	20 克

调料

食用油	适量
料酒	5 毫升
豆瓣酱	适量
生抽	5 毫升
盐	5 克
味精	3 克

❶ 将洗净的腐竹切段。

❷ 将洗净的香菇切片。

❸ 将油豆腐洗净，对半切开。

❹ 将火腿切片。

❺ 将洗好的冬笋切片。

❻ 将鸭肉斩块，装入盘中。

❼ 锅中注入适量水，加少许盐、食用油烧开，放入生菜叶，焯熟后捞出。

❽ 将冬笋片、香菇放入锅中，煮1分钟。

❾ 倒入火腿、腐竹、油豆腐。

❿ 焯熟后捞出装盘。

⓫ 把鸭块放入锅中氽去血水。

⓬ 捞出装盘。

做法演示

❶ 炒锅注油烧热，放入姜片、葱段、蒜片炒香。

❷ 倒入鸭块翻炒2分钟。

❸ 放入料酒、豆瓣酱、生抽炒1分钟。

❹ 倒入油豆腐、冬笋、腐竹、火腿、香菇、生菜叶、胡萝卜片翻炒2分钟。

❺ 加适量清水。

❻ 调入剩余盐、味精炒匀。

❼ 撒入剩余的葱段炒匀。

❽ 出锅装盘即成。

松鼠鳜鱼

⏰ 6分钟　　✂ 促进食欲

🧂 甜　　😊 老年人

　　这道菜是江南苏菜系的招牌菜，以绍兴老酒腌渍，对刀工和油炸的火候要求极高。成品菜色、香、味、形俱佳，蓬松的肉质外脆里嫩、鲜香味美，蘸着酸甜可口的稠汁，入口酥软。当年清朝乾隆皇帝造访苏州松鹤楼时曾对这道菜大加赞赏，"乾隆首创，苏菜独步"的名号让这道菜名震大江南北。

材料

鳜鱼	550 克
青豆	15 克
松仁	5 克
柠檬	30 克
姜	10 克
葱	7 克

调料

绍兴老酒	5 毫升
盐	2 克
番茄酱	适量
白醋	5 毫升
白糖	2 克
淀粉	适量
吉士粉	适量
水淀粉	适量
食用油	适量

食材处理

❶ 鳜鱼宰杀洗净，切下鱼头，剔去脊骨、腩骨，两片鱼肉相连于鱼尾处。

❷ 改切麦穗花刀。

❸ 鱼肉加少许盐、料酒、姜、葱腌渍3分钟，裹上淀粉、吉士粉。

做法演示

❶ 锅中加清水，入剩余盐、油煮沸，入青豆焯熟捞出；松仁放入热油锅中炸片刻后捞出。

❷ 放入鱼头略炸，再将鱼尾、鱼身放入热油锅。

❸ 炸约2分钟呈金黄色，捞出装盘。

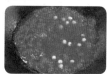 

❹ 起油锅，入番茄酱、白醋、白糖搅匀，入清水、青豆、水淀粉、熟油拌匀，挤入柠檬汁制成稠汁。

❺ 将稠汁淋在鳜鱼上，撒上松仁即成。

小贴士

❂ 将鱼去鳞剖腹洗净后，放入器皿中，加一些黄酒腌渍，能去除鱼的腥味，并能使鱼滋味鲜美。

❂ 鲜鱼剖开洗净，在牛奶中泡一会儿既可除腥，又能增加鲜味。

食物相宜

增强免疫力

鳜鱼

白菜

利尿通便

鳜鱼

马蹄

养生常识

★ 鳜鱼含有蛋白质、脂肪、少量维生素、钙、钾、镁、硒等营养元素，肉质细嫩，极易消化。对儿童、老年人及体弱、脾胃消化功能不佳者来说，吃鳜鱼既能补虚，又不必担心消化困难。

三鲜扒芦笋

⏰ 10 分钟　　✂ 开胃消食
🔥 鲜　　　　😊 一般人群

在明媚的春光里，蛰伏一冬的心情也变得好起来，能够犒赏自己的就是这个季节最脆嫩、鲜香的食材。刚刚上市的芦笋十分畅销，翠色欲滴的表皮下裹着嫩白的茎，搭配鲜嫩的虾仁、香浓的火腿，盛满春天生命萌发时带给你的种种感动，让你回味无穷。

材料

芦笋	200 克	
鲜香菇	40 克	
虾仁	60 克	
火腿	20 克	
姜片	5 克	
胡萝卜片	25 克	
葱白	5 克	

调料

盐	6 克
料酒	3 毫升
水淀粉	10 毫升
味精	3 克
鸡精	2 克
食用油	适量

❶ 把洗净的芦笋切下笋尖，去嫩茎，切2厘米长段。

❷ 将洗净的鲜香菇切片，火腿切成片。

❸ 将虾仁洗净背部，切开去掉虾线。

❹ 将虾仁装入碗中，加少许盐、少许味精拌匀。

❺ 加水淀粉拌匀，加少许食用油，腌渍5分钟。

❻ 锅中加水，加少许食用油、少许盐。

❼ 倒入切好的芦笋。

❽ 煮沸后捞出备用。

❾ 倒入切好的香菇。

❿ 煮沸后捞出。

⓫ 倒入处理好的虾仁。

⓬ 转色后捞出。

做法演示

❶ 热锅注油，烧至四成热，倒入火腿片、虾仁。

❷ 滑油片刻后捞出。

❸ 锅底留油，倒入姜片、胡萝卜片、葱白。

❹ 加入香菇炒香。

❺ 倒入焯水后的芦笋段。

❻ 加入滑油后的虾仁和火腿片，淋入料酒。

❼ 加剩余盐、剩余味精、鸡精炒匀调味。

❽ 加水淀粉勾芡。

❾ 加少许熟油炒匀。

❿ 将芦笋尖摆入盘中。

⓫ 菜品盛入盘中即成。

酱香肉卷

🕐 10分钟　✂ 促进食欲

⚖ 咸　☺ 一般人群

　　很多人爱吃五花肉，肥瘦相间的，煮熟后软嫩鲜香，却毫不油腻，蘸着酱汁吃格外顺口。这道酱香肉卷将细腻、爽滑的米粉和脆嫩、香郁的蒜苗卷入薄薄的五花肉中，口感软嫩。就着鲜浓的味汁，能让你的味蕾充分舒展开来，越吃越香。

材料		调料	
熟五花肉	300 克	盐	2 克
蒜苗	30 克	味精	1 克
水发桂林米粉	300 克	蚝油	3 毫升
红椒末	2 克	老抽	适量
姜片	5 克	水淀粉	适量
蒜末	5 克	食用油	适量

食材处理

❶ 将水发桂林米粉切成 4 厘米长段。

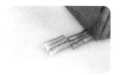

❷ 将洗净的蒜苗切段。

❸ 将熟五花肉切成薄片。

做法演示

❶ 热油锅中加清水，加少许盐、少许味精，倒入桂林米粉、蒜苗煮 2 分钟。

❷ 捞出放入盘中。

❸ 取肉片铺开，放上蒜苗、桂林米粉。

❹ 两端收拾整齐后卷好。

❺ 制作余下的材料，在盘中摆放整齐。

❻ 在蒸锅中注入清水烧热。

❼ 放入摆放有肉卷的盘子。

❽ 加盖，用大火蒸约 2 分钟至熟。

❾ 揭开盖，取出肉卷备用。

❿ 起油锅，倒入蒜末、姜片。

⓫ 倒入红椒末。

⓬ 淋入少许清水。

⓭ 加入剩余盐、剩余味精。

⓮ 淋入蚝油、老抽和水淀粉调成味汁。

⓯ 将味汁浇在肉卷上即可。

食物相宜

促进食欲

五花肉

白菜

补脾益气

五花肉

+

莴笋

补精益气

五花肉

土豆

肉末蕨菜

⏱ 3分钟 ✖ 开胃消食

🗄 清淡 ☺ 一般人群

　　蕨菜是一种野生蔬菜，营养丰富，口感软嫩鲜纯，与肉类和鸡蛋搭配更是绝佳的菜肴。这道菜将切得细碎的五花肉以大火快速翻炒，酥软的肉末松松散散，泛着油花，夹带着微微的蒜香味，会让你回味无穷。

材料

五花肉	200 克
蕨菜	150 克
红椒	20 克
蒜末	5 克
姜片	5 克

调料

盐	2 克
味精	1 克
水淀粉	适量
老抽	5 毫升
料酒	5 毫升
食用油	适量

❶ 把洗净的蕨菜切成
小段。

❷ 将红椒洗净切丁。

❸ 将洗净的五花肉切
段，再剁成肉末。

❹ 锅中加清水烧开，
加少许盐，倒入蕨菜。

❺ 煮沸后捞出。

做法演示

❶ 用油起锅，倒入肉
末翻炒至熟。

❷ 倒入姜片、蒜末
炒香。

❸ 加老抽炒匀。

❹ 调入料酒炒匀。

❺ 放入蕨菜。

❻ 倒入红椒丁炒熟。

❼ 调入剩余盐、味精
调味。

❽ 加水淀粉勾芡，淋
入熟油拌匀。

❾ 出锅装盘即可。

食物相宜

促进食饮

蕨菜

＋

猪肉

和胃补肾

蕨菜

＋

豆腐干

五彩炒肉丝

🕐 3分钟　　✖ 开胃消食

⬛ 鲜　　　　☺ 男性

　　汇集几种春天里鲜嫩的食材，彩椒丝、豆芽、香菇丝、肉丝，荤素搭配，红的炽烈、黄的悦目、绿的清爽、白的纯净，汇成千丝万缕间的美味，或鲜香，或脆嫩，或绵软，总有一种如你所爱。倾听着食材在咀嚼时发出的脆声，仿佛牙齿都瞬间变得有活力了。

材料		调料	
猪肉	150克	盐	2克
彩椒	200克	味精	1克
绿豆芽	80克	白糖	2克
水发香菇	50克	水淀粉	适量
姜丝	20克	料酒	5毫升
蒜末	10克	食用油	适量

❶ 将洗净的猪肉切丝；洗净的彩椒去籽，切丝。

❷ 将洗净的香菇去蒂，切丝；绿豆芽沥干备用。

❸ 猪肉加少许盐、少许味精、少许水淀粉拌匀，倒入油腌渍片刻。

做法演示

❶ 炒锅热油，放入猪肉丝。

❷ 滑油片刻后，捞出备用。

❸ 锅底留油，加入姜丝、蒜末和香菇略炒。

❹ 淋入料酒炒匀，倒入切好的彩椒。

❺ 倒入绿豆芽炒匀，注入少许清水炒匀。

❻ 倒入猪肉丝，加剩余盐、剩余味精、白糖调味。

❼ 用剩余水淀粉勾芡。

❽ 继续翻炒片刻，使其入味。

❾ 出锅后盛入盘中即成。

小贴士

❂ 新鲜猪肉的表面微干或湿润，不黏手，嗅之气味正常。

❂ 猪肉保存时宜洗净，用保鲜膜包好，放入冰箱保存。

养生常识

★ 猪肉具有补虚强身、滋阴润燥、丰肌泽肤的作用。适宜病后体弱、产后血虚、面黄羸瘦者食用。

★ 猪肉煲汤后食用，可辅助治疗因津液不足所引起的烦躁、干咳和便秘等症状。

食物相宜

消食除胀

猪肉

+

白萝卜

降低血压

猪肉

+

南瓜

促进消化

猪肉

+

香菇

糖醋里脊

⏰ 3分钟　　❌ 促进食饮

🔺 甜　　😊 一般人群

　　糖醋里脊是一道典型的中式宴客菜，做法大同小异，尤以鲁菜风味最为盛行。酸酸甜甜的口味让其成为女性或儿童最喜爱的菜式之一。这道糖醋里脊色泽红亮，裹上蛋黄的里脊肉过油后外酥里嫩，不裹蛋黄则口感偏脆，散发着酸梅酱的果香，让人食欲大开。

材料

里脊肉	200 克
青椒	20 克
红椒	10 克
鸡蛋	2 个
蒜末	5 克
葱段	5 克

调料

盐	3 克
味精	3 克
白糖	3 克
淀粉	6 克
白醋	3 毫升
酸梅酱	适量
料酒	5 毫升
水淀粉	适量
食用油	适量
番茄汁	30 毫升

❶ 将洗净的青椒切小块。

❷ 将洗净的红椒切小块。

❸ 将洗净的里脊肉切成丁。

降低血压

里脊肉

＋

南瓜

❹ 肉丁加少许盐、味精、料酒拌匀。

❺ 加入蛋黄拌匀。

❻ 加适量淀粉拌匀。

利尿降压

里脊肉

＋

冬瓜

❼ 取出分成块。

❽ 装盘后撒上少许淀粉备用。

❾ 番茄汁加白醋、白糖、剩余盐，倒入酸梅酱拌匀。

做法演示

❶ 热锅注油，烧至五成热，倒入肉丁，炸约1分钟。

❷ 将炸好的肉丁捞出备用。

❸ 用油起锅，倒入蒜末、葱段、青椒、红椒炒香。

❹ 倒入拌好的番茄汁炒匀。

❺ 加水淀粉勾芡，制成稠汁。

❻ 倒入炸好的肉丁，炒匀。

❼ 加少许熟油炒匀。

❽ 盛入盘中即可。

红烧鳜鱼

⏱ 7分钟　　❌ 促进食饮

🔺 鲜　　☺ 女性

　　早春时节，水涨云舒。"桃花流水鳜鱼肥"，古人将此时看作是吃鳜鱼的绝佳时节。此时的鳜鱼肉质细嫩，营养滋补，刺少且肉厚。这道红烧鳜鱼经腌渍、过油、焖煮等方式，让鱼肉充分入味，并保持外酥里嫩的口感，色泽诱人的蒜瓣状鱼肉入口即化，回味无穷。

材料		调料	
鳜鱼	500克	料酒	5毫升
干辣椒末	3克	盐	2克
姜丝	5克	白糖	2克
葱白	5克	淀粉	适量
葱段	5克	水淀粉	适量
水发香菇丝	20克	蚝油	3毫升
西蓝花	20克	豆瓣酱	适量
		芝麻油	适量
		食用油	适量

食材处理

❶ 鳜鱼宰杀洗净，剖上花刀。

❷ 加少许料酒、少许盐、少许白糖，用淀粉裹匀腌渍10分钟。

❸ 油烧至六成热，入鱼炸约2分钟至金黄色捞出。

做法演示

❶ 用油起锅。

❷ 加入姜丝、葱白、豆瓣酱，加干辣椒末、香菇炒匀。

❸ 倒入少许清水，放入炸好的鳜鱼。

❹ 加入剩余盐、剩余白糖、蚝油、剩余料酒。

❺ 加盖用大火焖煮2~3分钟至入味。

❻ 将鳜鱼盛入盘中。

❼ 原汤加水淀粉，淋入芝麻油、熟油调匀。

❽ 将浓汁浇在鳜鱼上，撒入葱段即成。

食物相宜

益气补虚

鳜鱼

豆腐

润肺止咳

鳜鱼

百合

小贴士

✪ 鳜鱼的肉多刺少，不像草鱼、鲤鱼那样细刺多。所以，如果想吃鱼又怕鱼刺卡着喉咙，可以选择刺少的鳜鱼进行烹饪。

✪ 将鳜鱼去鳞剖腹洗净放入盆中，再倒一些黄酒，就能有效去除鱼肉的腥味，并能使鱼肉的滋味更加鲜美。

螺肉炖老鸭

🕐 70分钟　✖ 利尿降压
🏷 鲜　　　😊 老年人

　　吃的世界里也要讲究缘分，春池水涨，青螺如黛，朝夕以青螺为食的鸭子在被人煲炖成汤时亦能与青螺完美搭配。这道滋补鸭汤鲜香味醇，鸭肉酥烂、肥而不腻，吃肉、喝汤、啃鸭骨，螺肉鲜美，火腿溢香，机缘造化尽在馋嘴人的口中。

材料		调料	
鸭肉	250 克	盐	3 克
螺肉	150 克	白糖	2 克
火腿	30 克	料酒	5 毫升
姜片	20 克	胡椒粉	适量
鲜香菇	20 克	食用油	适量
葱段	5 克		

食材处理

❶ 将鸭肉洗净，斩块。

❷ 斩好的鸭肉装盘。

❸ 在锅中倒入鸭块、螺肉，汆煮至断生后捞出。

做法演示

❶ 锅中加适量清水烧开。

❷ 倒入鸭块、螺肉、火腿、姜、鲜香菇煮沸。

❸ 淋入料酒、食用油烧开，将锅中材料转到炖盅中。

❹ 加盖。

❺ 选择滋补炖模式，炖约 1 小时。

❻ 汤炖好，加盐、白糖调味，撒入葱段、胡椒粉即成。

小贴士

✪ 在食用田螺的同时食用冷饮是很不明智的选择。因为，冷饮能降低人体肠胃温度，削弱消化功能。而田螺性寒，食用田螺时或者食用后，如果食用冷饮，很容易导致消化不良或腹泻。

✪ 食用螺类应烧煮 10 分钟以上，以防止病菌和寄生虫感染。

食物相宜

清热毒

田螺

白菜

清热利尿

田螺

冬瓜

清热解毒

田螺

蒜

碧螺虾仁

🕐 4分钟　　✖ 保肝护肾

🗄 清淡　　☺ 男性

　　将茶的元素融入烹饪当中，是中国菜的一大特色，其选材自然独具匠心。产自江苏太湖洞庭山的碧螺春茶香浓、味醇，与脆嫩、鲜香的虾仁相得益彰，既能让人充分体验虾仁的美妙口感，又能平添清新淡雅的茶味，两者相兼，不亦乐乎。

材料		调料	
虾仁	200 克	蛋清	适量
碧螺春茶	50 克	盐	3 克
鸡蛋	1 个	味精	1 克
葱	5 克	白糖	2 克
姜	5 克	料酒	5 毫升
		淀粉	适量
		水淀粉	适量
		胡椒粉	适量
		食用油	适量

食材处理

❶ 将虾仁背部切开，挑去虾线。

❷ 将姜、葱装入碗中，加料酒，用手挤出汁。

❸ 将汁倒入装有虾仁的盘中。

❹ 加盐、味精、白糖、蛋清、淀粉腌渍片刻。

❺ 碧螺春茶用开水泡好备用。

做法演示

❶ 热锅注油烧热，倒入虾仁。

❷ 炸约1分钟至熟，捞出备用。

❸ 锅留底油，倒入炸好的虾仁、茶水煮沸。

❹ 收汁后撒入胡椒粉，再用水淀粉勾芡。

❺ 出锅，装入盘中。

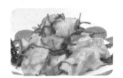

❻ 撒上少许茶叶即成。

小贴士

✧ 虾仁的营养价值高，含有蛋白质、钙，而脂肪含量较低，可以配以芦笋尖、黄瓜食用，有健脑、养胃、润肠的功效，尤其适合于儿童食用。

食物相宜

益气下乳

虾

+

葱

补脾开胃

虾

+

香菜

补胃壮阳

虾

韭菜

黄瓜炒火腿肠

🕐 3分钟　　❌ 降压降糖
⚖ 清淡　　😊 糖尿病患者

　　不是每次嘴馋时，手边都会有足够的食材供你品尝，一个资深吃货不仅要有几个"拿手菜"支撑门面，还要能做好吃、易成的"快手菜"来临时救急。这道菜的取材十分常见，黄瓜爽脆，火腿片外焦里嫩、咸香适口，配以微辣的红椒，平民美食即刻上桌。

材料		调料	
黄瓜	300克	盐	3克
火腿肠	150克	料酒	3毫升
红椒	15克	蚝油	3毫升
姜片	5克	味精	2克
蒜末	5克	白糖	3克
葱白	5克	水淀粉	10毫升
		食用油	适量

❶ 将去皮洗净的黄瓜切条，再斜切成段。

❷ 将洗净的红椒对半切开，切成丝。

❸ 将火腿肠去除外包装，切成片。

❹ 热锅注油，烧至五成热，倒入火腿肠片炸。

❺ 炸至暗红色后捞出备用。

做法演示

❶ 锅底留油，倒入姜片、蒜末、葱白、红椒炒匀。

❷ 倒入黄瓜，拌炒片刻。

❸ 倒入炸过的火腿肠片炒匀。

❹ 加料酒、蚝油、盐、味精、白糖。

❺ 拌炒均匀使其充分入味。

❻ 加入水淀粉。

❼ 快速拌炒均匀。

❽ 盛出装盘即可。

食物相宜

增强免疫力

黄瓜

＋

鱿鱼

排毒瘦身

黄瓜

＋

蒜

清蒸黄鱼

⏱ 8分钟	✂ 增强免疫力
🗄 鲜	☺ 老年人

清蒸菜式看似简单，实则颇讲究细节和考验手艺。这道菜选用肉质细嫩、鲜美的黄鱼为主料，以葱垫底来增加鱼身下蒸汽的通过量，便于加热熟化、入味，同时配合葱、姜来祛腥。成品口味清鲜，营养丰富，也较好地保留了黄鱼的原形、原汁和原味。

材料		调料	
黄鱼	200克	盐	3克
姜丝	5克	味精	1克
葱丝	5克	鸡精	1克
红椒丝	20克	食用油	适量
姜片	5克	蒸鱼豉油	适量
葱条	5克		

食材处理

❶ 将洗净的黄鱼放入垫有葱条的盘中。

❷ 加盐、味精、鸡精抹匀，放上姜片。

做法演示

❶ 将黄鱼放入蒸锅。

❷ 盖上锅盖，大火蒸5分钟至熟。

❸ 揭盖，取出黄鱼。

❹ 挑去葱条、姜片。

❺ 撒上姜丝、葱丝、红椒丝。

❻ 浇入少许热油，将蒸鱼豉油淋入盘底即可食用。

养生常识

★ 黄鱼对人体的滋补效果很好，因其肉质中含有多种维生素、微量元素，体质不好的人和中老年人尤其适合食用黄鱼，可作为食疗之物。

★ 一般人群也都可以食用黄鱼，贫血、失眠、头晕、食欲不振者及产后体虚者食用较佳。

★ 但是黄鱼是发物，哮喘患者和过敏体质的人应慎食。

★ 服用中药荆芥的时候，切勿食用黄鱼，以免引起身体不适。

食物相宜

防癌抗癌

黄鱼

乌梅

延缓衰老

黄鱼

丝瓜

钵子鲜芦笋

⏰ 5分钟　　✖ 防癌抗癌

🔺 咸香　　🙂 男性

　　钵子菜一种极具特色的湘菜品种。钵子既是炊具，又是食具，盛在钵子中的菜经加热后，开吃时汁浓味重、酥烂鲜嫩；过一段时间后，随着钵子内的水分被热力缓慢蒸发，仅存的油汁让菜呈现出一种干香风味。

材料		调料	
芦笋	200 克	盐	3 克
红椒	15 克	水淀粉	10 毫升
姜片	5 克	味精	3 克
蒜末	5 克	鸡精	3 克
葱白	5 克	蚝油	3 毫升
		料酒	3 毫升
		豆瓣酱	适量
		XO 酱	适量
		食用油	适量

❶ 把洗净的芦笋去皮，切2厘米长段。

❷ 将洗净的红椒切开，去籽，切成片。

❸ 锅中加约500毫升清水烧开，加少许食用油。

食物相宜

清热除烦

芦笋

+

黄花菜

❹ 倒入切好的芦笋，搅匀。

❺ 煮沸后捞出备用。

做法演示

❶ 起油锅倒入 XO 酱、姜片、蒜末、葱白爆香。

❷ 倒入切好的红椒炒匀，倒入焯水后的芦笋。

❸ 加豆瓣酱、蚝油、味精、鸡精、盐。

防癌抗癌

芦笋

+

海参

❹ 淋入料酒炒匀。

❺ 加水淀粉勾芡。

❻ 翻炒至入味。

养生常识

★ 体质虚弱、气血不足、便秘者食用，芦笋也有一定的食疗功效。

❼ 将锅中的材料盛入砂锅中。

❽ 置于大火上烧热。

❾ 端下砂锅即可食用。

蒜蒸西葫芦

⏱ 6分钟 ✂ 促进食饮
🔥 辣 😊 一般人群

　　爱吃的人们一直致力寻找那些好吃、不贵、做起来又特别简单的经典菜式。就像这道蒜蒸西葫芦，它的烹饪方法极致简洁，红红、青青、白白的菜色煞是好看，适中的辣味让西葫芦显得格外鲜嫩、爽脆，蒜香、油香尽在腾起的热气中漫溢。

材料		调料	
西葫芦	350 克	鸡精	3 克
蒜末	30 克	淀粉	2 克
剁椒	30 克	食用油	适量

食材处理

❶ 将洗净的西葫芦切瓣，再斜刀切片，盛入盘中。

❷ 将剁椒盛入碗中。

❸ 加入准备好的蒜末。

❹ 加鸡精、淀粉、食用油。

❺ 用勺子拌匀。

❻ 将拌好的剁椒蒜末，铺在西葫芦片上。

做法演示

❶ 把西葫芦放入蒸锅中。

❷ 加盖蒸 5 分钟至熟透。

❸ 将蒸好的西葫芦取出，淋入适量热油即可食用。

小贴士

❂ 要选用新鲜，外观亮丽、有光泽的西葫芦，蔫黄的西葫芦不宜食用。

❂ 剁椒不要放太多，否则辣味会掩盖西葫芦本身的味道。

❂ 蒸制好后可加入少许芝麻油或辣椒油，成品口感会更好。

❂ 拌制材料时尽量顺着一个方向充分拌匀，可以保证菜品的口感。

食物相宜

健脾益气

西葫芦

＋

鸡蛋

增强免疫力

西葫芦

＋

洋葱

养生常识

★ 西葫芦适合水肿腹胀、烦渴、疮毒等患者食用。

★ 胃炎、胃溃疡、肝病、阴虚火旺、齿痛患者不宜多食剁椒。

★ 面色暗黄、气血不足者宜多食西葫芦。

富贵三丝

🕐 3分钟　　✂ 防癌抗癌
🔺 鲜　　😊 一般人群

　　将食材切成丝不仅易于熟化，也便于食客取食，将诸多食材切丝烹制成美食，荤素搭配，营养更均衡，同时也能带来更丰富、更有层次的口感。这道菜将莴笋丝、洋葱丝、豆干丝配以猪肉丝、红椒丝，丝丝入味，香辣脆嫩的奇妙体验给人回味无穷的快感。

材料		调料	
莴笋	200 克	盐	3 克
猪瘦肉	150 克	味精	1 克
洋葱	150 克	料酒	5 毫升
豆干	80 克	白糖	2 克
红椒丝	20 克	水淀粉	适量
姜丝	10 克	食用油	适量
蒜末	10 克		

食材处理

❶ 把去皮洗净的莴笋切丝。

❷ 将洗净的洋葱切丝。

❸ 将洗净的豆干切丝。

❹ 将洗净的猪瘦肉切丝。

❺ 瘦肉丝加少许盐、少许味精拌匀。

❻ 加入少许水淀粉拌匀，倒入食用油，腌渍入味。

做法演示

❶ 炒锅热油，放入姜丝、蒜末爆香。

❷ 倒入瘦肉丝炒香，淋入料酒炒匀。

❸ 倒入莴笋、洋葱、豆干，翻炒均匀。

❹ 放入红椒丝。

❺ 加剩余盐、剩余味精、白糖调味。

❻ 翻炒至入味。

❼ 倒入少许水淀粉。

❽ 快速拌炒均匀。

❾ 关火出锅，盛入盘中即成。

食物相宜

补虚强身
丰肌泽肤

莴笋

➕

羊肉

降脂降压

莴笋

➕

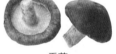

香菇

养生常识

★ 莴苣含有丰富的钾，且其含量远远高于钠含量，有利于体内的水电解质平衡，从而促进排尿和乳汁的分泌，对高血压、水肿、心脏患者有一定的食疗作用。

风味鸡翅

- 🕐 4 分钟
- ❌ 美容养颜
- 🔺 鲜香
- 🙂 女性

便捷的获取途径、亲民的市场价格、多种多样的烹饪制法与口味，让鸡翅成为餐桌上的常客。这道风味鸡翅以红酒来帮助上色、调味、增香，酥脆的鸡皮下肉质嫩滑鲜香，色泽红润油亮，香浓的汤汁中散发着红酒的香气，筷子未动，口水已长流多时。

材料		调料	
鸡中翅	500 克	盐	3 克
红酒	100 毫升	生抽	3 毫升
姜片	5 克	白糖	2 克
葱	5 克	味精	1 克
		料酒	5 毫升
		食用油	适量

食材处理

❶ 将鸡翅置碗中，加少许生抽、少许白糖、味精、料酒拌匀。

❷ 加入姜片、葱拌匀，腌渍 15 分钟。

做法演示

❶ 锅注油烧至五成热，放入鸡翅，开中火炸约 2 分钟。

❷ 捞出炸好的鸡翅。

❸ 锅底留油，然后倒入红酒。

❹ 倒入鸡翅。

❺ 放剩余生抽、剩余白糖拌炒，加入盐炒匀调味。

❻ 用中火煮约 1 分钟至入味。

❼ 大火收汁。

❽ 将鸡翅摆入盘中。

❾ 浇上原汤汁即成。

小贴士

❁ 可在鸡翅上划花刀，这样有利于鸡翅熟烂和入味。

❁ 鸡翅不要炸太久，以免影响鲜嫩口感。

❁ 在选购鸡翅时，要选用颜色鲜亮、无异味的。

食物相宜

补益气血

鸡翅

枸杞子

生津止渴

鸡翅

人参

增进食欲

鸡肉

+

豇豆

第 **2** 章

吃在夏天

烈日炎炎的夏日，除了提不起来的胃口，人也变得慵懒起来。其实夏天也有很多不错的食材，不仅能消暑开胃，还能帮助身体补充水分、盐及其他营养成分。我们要擅于发现身边的美味食材，做一些简单的菜式，让自己的味蕾快速恢复正常状态。

莲藕炒火腿

🕐 3分钟　　　❌ 健脾开胃

🎴 鲜　　　😊 老年人

　　古人爱莲，"出淤泥而不染"的君子品格百世流芳，其深藏在淤泥中的藕更是一种极佳的美味食材。七孔藕外皮褐黄，糯而不脆，适合煲汤；九孔藕外皮银白，脆嫩多汁，适合凉拌、烹炒。这道菜将香甜脆嫩的莲藕配以浓香火腿，荤素搭配，更显鲜香。

材料		调料	
莲藕	150克	盐	3克
火腿	150克	鸡精	少许
红椒片	20克	水淀粉	10毫升
葱段	5克	白糖	2克
葱白	2克	食用油	适量

食材处理

❶ 把去皮洗净的莲藕切片。

❷ 将洗净的火腿用斜刀切段，改切成薄片。

做法演示

❶ 起油锅，倒入藕片。

❷ 撒上葱白，用大火翻炒均匀。

❸ 倒入火腿片、红椒片，翻炒至熟。

❹ 加盐、鸡精、白糖调味。

❺ 用水淀粉勾芡。

❻ 用中火炒至入味。

❼ 撒上葱段炒匀。

❽ 盛出装盘即可。

小贴士

✿ 挑选莲藕时，要挑选外皮呈黄褐色、肉肥厚而白的，如果发黑有异味，则不宜食用。

✿ 煮藕时忌用铁器，以免引起食物发黑。

养生常识

★ 莲藕富含淀粉、蛋白质、B族维生素、维生素C、碳水化合物及钙、磷、铁等多种矿物质。生食能清热润肺、凉血行淤；熟吃可健脾开胃、固精止泻。老年人常吃藕，可以调中开胃，具有延年益寿之功效。

食物相宜

健脾胃

莲藕

+

大米

健脾胃

莲藕

+

猪肉

清热解毒

莲藕

+

绿豆

嫩姜爆腰丝

🕐 3分钟　　✂ 补益肝肾
🌡 辣　　　　☺ 男性

　　姜是中式烹饪中常见的调味品之一，却很少成为配料中的主角。都说"冬吃萝卜夏吃姜，不劳医生开药方"，这道嫩姜爆腰丝将美味与健康汇聚一盘，让人眼前一亮。将嫩姜顶刀切片，再改刀成丝。如此将姜纤维切断后，配以细嫩的猪腰丝，口感绝佳。

材料		调料	
猪腰	200克	蚝油	3毫升
嫩姜	100克	盐	2克
青椒	10克	味精	1克
红椒	10克	料酒	5毫升
		淀粉	适量
		水淀粉	适量
		食用油	适量

❶ 把洗净的猪腰对半切开，切除筋膜。

❷ 切成丝。

❸ 洗净的青椒、红椒均切成丝。

❹ 去皮洗净的嫩姜切成细丝。

❺ 猪腰放入碗中，加少许料酒、少许盐、少许味精拌匀。

❻ 放入淀粉抓匀，腌渍至入味。

❼ 锅中注水烧开，放入猪腰。

❽ 汆去血水后，捞出沥水。

做法演示

❶ 炒锅注油烧热，加入姜丝、青椒丝、红椒丝爆香。

❷ 倒入猪腰，淋入剩余料酒炒匀。

❸ 加入蚝油。

❹ 翻炒至入味。

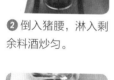

❺ 加剩余盐和剩余味精调味。

❻ 用水淀粉勾芡。

❼ 翻炒均匀。

❽ 出锅盛入盘中即可食用。

食物相宜

滋肾润燥

猪腰

+

豆芽

补肾利尿

猪腰

+

竹笋

千张筒骨汤

⏱ 80分钟　　✂ 增强免疫力

▢ 鲜　　　　☺ 儿童

　　爱喝汤的人格外喜爱煲骨头汤，肉骨头中的骨髓是其精华所在，富含的胶原蛋白成分对人体有益，且脂肪较少，有嚼劲儿的筋肉更多，喝汤、啃骨头也是一种乐事。这道千张筒骨汤滋味浓醇，鲜嫩的豆腐皮吸足了汤味，入口爽滑，趁热食用，满口生香。

材料

筒骨	450克
千张	150克
胡萝卜块	200克
姜片	5克
葱花	5克

调料

盐	2克
鸡精	1克
料酒	5毫升
胡椒粉	适量

① 将洗净的干张切成小片。

② 锅中倒入清水，放入筒骨。

③ 加盖煮至沸。

④ 捞出筒骨用清水冲净，沥干备用。

⑤ 另起锅，注入适量清水烧沸。

⑥ 放入筒骨、胡萝卜块。

⑦ 加入料酒和姜片，大火烧开。

做法演示

① 将锅中的材料转至砂锅内。

② 砂锅置于中火上。

③ 加盖后用慢火炖煮约1小时。

④ 揭开盖子，捞去浮沫，放入干张拌匀。

⑤ 加盖煲约10分钟。

⑥ 揭开盖，加盐、鸡精、胡椒粉调味。

⑦ 撒上葱花。

⑧ 关火，取下砂锅即成。

食物相宜

抗衰老

猪骨

＋

洋葱

滋养生津

猪骨

＋

西洋参

西湖醋鱼

🕐 13分钟　　✂ 促进食饮
🔺 酸甜　　☺ 一般人群

西湖醋鱼是杭帮菜中的招牌菜，多以西湖草鱼为原料，其中又以冬春或夏秋交际之时出产的草鱼最为肥美。这道西湖醋鱼的烹制有别于传统做法，改煮为炸，过油后的草鱼外皮酥脆、肉质细嫩，配以酸酸甜甜的芡汁，将鱼的鲜香发挥到极致。

材料		调料	
净草鱼	1条	盐	2克
青椒末	10克	陈醋	10毫升
红椒末	10克	白糖	5克
蒜末	5克	水淀粉	适量
姜末	5克	淀粉	适量
葱花	5克	食用油	适量

❶ 将净草鱼的鱼头切下。

❷ 在鱼身剖上花刀。

❸ 加盐拌匀，撒上淀粉裹匀。

做法演示

❶ 倒半锅油，烧至六成热。

❷ 放入鱼头，用锅勺不停浇油。

❸ 炸约 2 分钟至熟捞出。

❹ 放入鱼身炸 3 ~ 4 分钟至熟。

❺ 捞出后与鱼头一起装盘备用。

❻ 锅留底油，倒入少许清水，倒入陈醋。

❼ 加入白糖调匀煮沸。

❽ 放入青椒末、红椒末及蒜末、姜末。

❾ 加盐、水淀粉拌匀，调成芡汁。

❿ 将调好的芡汁浇在鱼肉上。

⓫ 撒入葱花即成。

食物相宜

增强免疫力

草鱼

＋

豆腐

补益气血

草鱼

＋

黑木耳

强身抗癌

草鱼

＋

鸡蛋

青豆豆腐丁

🕐 4 分钟　　❌ 开胃消食
🔺 清淡　　　☺ 老年人

　　豆腐是人们一年四季当中最常见的食材之一，不仅营养丰富，而且几乎可以和任何食材自由搭配，口味浓淡皆宜。这道青豆豆腐丁借助沸水让豆腐的口感更嫩滑，搭配鲜嫩的青豆，白白嫩嫩中显现点点青翠，鲜香、油香、蒜香、红椒香，十分诱惑人心。

材料		调料	
豆腐	200 克	盐	2 克
青豆	60 克	鸡精	1 克
蒜末	5 克	老抽	3 毫升
红椒丁	10 克	蚝油	适量
葱花	5 克	水淀粉	适量
		食用油	适量

❶ 将洗好的豆腐切成丁。

❷ 锅中注入清水烧热，加入油、少许盐。

❸ 倒入洗净的青豆拌匀。

❹ 煮约2分钟至熟，捞出青豆。

❺ 倒入豆腐。

❻ 煮沸后捞出豆腐。

做法演示

❶ 另起锅，锅置大火，注油烧热。

❷ 倒入蒜末、红椒丁爆香。

❸ 倒入适量清水。

❹ 锅中加入剩余盐、鸡精、老抽调味。

❺ 倒入豆腐、青豆拌匀，煮片刻。

❻ 加入蚝油炒匀。

❼ 加水淀粉勾芡，淋入少许熟油拌匀。

❽ 将做好的菜盛入盘内。

❾ 撒入葱花即成。

食物相宜

补脾开胃

豆腐

西红柿

降血脂、降血压

豆腐

香菇

四色豆腐

⏲ 8分钟　　✖ 增强免疫力
⚖ 清淡　　　☺ 儿童

　　舍得在美食上花心思的人，更容易吃得舒心愉悦。这道四色豆腐的制作灵感源自客家菜的酿豆腐，一块豆腐，四种风味，将榨菜、咸蛋黄、火腿、皮蛋以馅料的方式融入菜中，鲜香嫩滑，菜色精致，让人不忍下箸。

材料		调料	
豆腐	300克	盐	3克
榨菜头	60克	味精	1克
咸蛋黄	20克	鸡精	1克
火腿肠	1根	水淀粉	适量
皮蛋	1个	高汤	适量
油菜	80克	食用油	适量
葱花	5克		

❶ 榨菜头洗净，剁碎。

❷ 咸蛋黄切碎；皮蛋去壳，洗净剁碎。

❸ 把火腿肠切碎。

❹ 把豆腐洗净，切成长条块。

❺ 码放在盘中。

❻ 用小刀将豆腐块的中间掏空。

❼ 在一块豆腐中间塞入榨菜末。

❽ 舀入火腿肠末。

❾ 依此将咸蛋黄末、皮蛋末酿入豆腐块中。

做法演示

❶ 将盘子放入蒸锅。

❷ 加盖蒸3分钟至熟。

❸ 揭开盖后用铁夹子取出。

❹ 锅中倒入少许清水，加少许盐、少许鸡精、食用油烧开。

❺ 倒入洗好的油菜。

❻ 焯熟后捞出。

❼ 摆在豆腐块之间。

❽ 另起锅，倒入高汤。

❾ 加剩余盐、味精、剩余鸡精。

❿ 淋入水淀粉调成稠汁。

⓫ 将稠汁浇入盘中。

⓬ 摆好盘，撒上葱花即成。

荷叶蒸排骨

🕐 30分钟　　✖ 增强免疫力

🔲 咸　　　　☺ 一般人群

　　炎炎夏日，满塘荷叶展绿叠翠，效仿古人以荷叶入馔，体验食趣的自然之美，更可品味淡雅之香。将排骨包裹在荷叶当中，以中小火慢慢蒸熟，借助蒸汽的热力将荷叶淡淡的清香渗入肉中，酥烂的肉质吃起来肥嫩鲜香，却毫不腻人，清雅之风扑面而来。

材料

排骨	300克
干荷叶	1张
姜片	5克
蒜末	5克
葱白	3克
葱花	3克

调料

料酒	5毫升
盐	1克
蚝油	3毫升
老抽	3毫升
生抽	3毫升
鸡精	1克
水淀粉	适量
食用油	适量

食材处理

❶ 将洗净的排骨斩块。

❷ 装入碗中，倒入适量清水洗净。

❸ 锅中加适量清水烧开，放入干荷叶。

❹ 将荷叶煮软后捞出，摆在盘中。

❺ 排骨加入姜片、蒜末、葱白、料酒、盐、蚝油。

❻ 放入老抽、生抽、鸡精渍 10 分钟。

做法演示

❶ 将排骨倒在荷叶上面，铺好。

❷ 放入蒸锅。

❸ 加上盖子以中小火蒸 15 分钟。

❹ 取出蒸好的排骨。

❺ 浇上熟油，撒上葱花即可。

小贴士

✪ 蒸排骨时宜用中小火，用中小火蒸可使蒸汽通过外层的肉渗入骨内，从而达到全熟。

养生常识

★ 猪骨性平，味甘、咸，入脾、胃经，有补脾气、润肠胃、生津液、丰机体、泽皮肤、补中益气、养血健骨的功效。儿童经常喝骨头汤，能及时补充人体所必需的胶原蛋白、钙等物质，增强骨髓造血功能，有助于骨骼的生长发育。

食物相宜

促进消化

排骨

+

山楂

补充钙元素

排骨

+

黄豆

补益脾胃

排骨

+

山药

糖醋黄鱼

⏱ 7分钟　　✖ 促进食欲
🔺 酸甜　　😊 一般人群

　　中国人吃饭讲究"食有鱼"，取"食有余"之意。这道糖醋黄鱼色泽金红、口感香脆、肉质细嫩，搭配的番茄汁和糖像是两个调皮的精灵，赋予了鱼肉更惊艳的味觉空间，酸甜的滋味中藏着点点辣味，鲜香味美，让人食欲大开。

材料		调料	
黄鱼	300克	盐	3克
红椒末	20克	白糖	2克
蒜末	5克	水淀粉	适量
葱花	5克	淀粉	适量
		食用油	适量
		番茄汁	30毫升

❶ 将黄鱼宰杀处理干净，打"十"字花刀。

❷ 加盐抹匀，撒上淀粉，抹匀。

做法演示

❶ 锅中注入食用油，烧至六成热时，放入黄鱼。

❷ 中火炸2~3分钟至鱼身呈金黄色且熟透。

❸ 将黄鱼捞出，装盘备用。

❹ 锅留底油，倒入蒜末、红椒末爆香。

❺ 倒入番茄汁拌匀。

❻ 加入白糖。

❼ 拌匀，加入少许水煮沸。

❽ 淋入水淀粉。

❾ 调匀制成芡汁。

❿ 将芡汁淋在鱼身上，撒上葱花即成。

小贴士

✪ 黄鱼属于高蛋白食品，食用过量容易增加肾脏负担。

✪ 鱼头顶部很腥气，最好揭去鱼的头皮，其位置在腮边，薄薄一小片，左右各一片，向上撕除即可。

食物相宜

益气补虚

黄鱼

+

雪菜

降低胆固醇

黄鱼

+

豆腐

防治缺铁性贫血

黄鱼

+

荠菜

一品豆腐

🕐 8分钟   ✖ 增强免疫力

🔺 鲜   ☺ 儿童

　　豆腐白净、软嫩，清代美食家袁枚评价"豆腐得味，远胜燕窝"。蒸豆腐是中国人发明的一种传统豆腐菜式，这道一品豆腐运用蒸的方法保留了豆腐的最初风味，口感嫩滑。牛肉馅在添加了蒜末、姜末、红椒末后香气更纯、更香，紧实弹牙的肉粒口感极佳。

材料		调料	
豆腐	400 克	盐	5 克
上海青	150 克	豆瓣酱	适量
牛肉	100 克	水淀粉	适量
红椒末	20 克	料酒	5 毫升
姜末	5 克	食用油	适量
蒜末	5 克		

❶ 将豆腐切长方块。

❷ 将洗好的上海青去叶留梗，将梗对半切开。

❸ 将洗净的牛肉先切片，然后剁成肉末。

❹ 锅中加清水烧开，加入少许食用油、少许盐搅匀。

❺ 倒入上海青，煮约1分钟至熟。

❻ 捞出煮好的上海青备用。

做法演示

❶ 用油起锅，入蒜末、姜末、红椒末爆香。

❷ 倒入牛肉。

❸ 炒匀后加入料酒，翻炒至熟。

❹ 放入豆瓣酱炒匀。

❺ 加入水淀粉勾芡，制成馅料。

❻ 将馅料盛出。

❼ 把馅料铺在豆腐块上。

❽ 将豆腐放入蒸锅中。

❾ 加盖，大火蒸约3分钟至熟透。

❿ 揭盖，取出蒸好的豆腐。

⓫ 摆入上海青装饰。

食物相宜

止咳平喘

豆腐

油菜

润肺止咳

豆腐

百合

清蒸黄骨鱼

🕐 7分钟　　✂ 保肝护肾

🔲 鲜　　😊 男性

坊间有句俗话叫"春鳊秋鲤夏黄骨"，夏季正是吃黄骨鱼的最佳时节。黄骨鱼的肉质非常细嫩，味道鲜美，最适合清蒸或炖汤。清蒸黄骨鱼选用极简的食材与调料，大火蒸制，鲜嫩肥美的鱼肉入口即化，在淋上特制的蒸鱼豉油后滋味更鲜。

材料		调料	
黄骨鱼	400 克	盐	3 克
葱条	10 克	蒸鱼豉油	少许
姜丝	5 克	食用油	适量
葱丝	5 克		
红椒丝	20 克		

① 将洗好的葱条垫在盘底。

② 放入宰杀好的黄骨鱼。

③ 撒上少许盐，再放上姜丝。

做法演示

① 将黄骨鱼放入蒸锅中。

② 加盖，大火蒸5分钟至熟。

③ 揭盖，取出蒸熟的黄骨鱼。

④ 撒上葱丝和红椒丝，再淋入少许热油。

⑤ 锅烧热，将蒸鱼豉油倒入锅中，以小火烧沸。

⑥ 将蒸鱼豉油浇入盘底即成。

小贴士

✿ 根据主料不同，葱可切成葱段和葱末混和使用。葱段与葱末均不宜煎、炸过久。

✿ 葱叶富含维生素A原，不应轻易丢弃不用。

✿ 葱不宜泡在水里或煮得过久，否则会影响其营养价值。

✿ 脑力劳动者宜多食些葱，但患有胃病和视力减弱的患者应节制食用。

✿ 生鱼、生肉常带有多种细菌、病毒，生吃风险很大，威胁人体健康，得不偿失，所以要熟透后方可食用。

食物相宜

补虚养身

黄骨鱼

＋

姜

延缓衰老

黄骨鱼

＋

胡萝卜

养生常识

★ 葱中富含维生素C，有舒张小血管，促进血液循环的作用，有助于防止血压升高所致的头晕，使大脑保持灵活，预防阿尔茨海默病。

★ 葱含有微量元素硒，并可降低胃液内的亚硝酸盐含量，对预防胃癌及多种癌症有一定作用。

烧椒麦茄

🕐 6分钟　　✂ 促进食欲

🔺 鲜辣　　😊 一般人群

　　一道美食的烹饪不仅要有聪明的创意，更要有充足的耐心。这道烧椒麦茄的难点在于切出平行斜纹、深浅一致的麦穗花刀，这样便于热力的穿透，也易于入味。过油后的茄子嫩滑鲜香，配以青椒、红椒的脆嫩、微辣，食用后美好的心情往往涌上心头。

材料		调料	
茄子	350克	海鲜酱	适量
青椒	20克	生抽	3毫升
红椒	20克	蚝油	3毫升
葱花	5克	盐	2克
		味精	1克
		白糖	2克
		鸡精	1克
		水淀粉	适量
		淀粉	适量
		食用油	适量

❶ 将去皮洗净的茄子切成块，再打上麦穗花刀。

❷ 将洗净的青椒、红椒均切小丁备用。

❸ 将茄子放入盘中，撒上淀粉，裹匀。

❹ 锅中注油烧热，倒入茄子。

❺ 炸片刻至熟，捞起沥油备用。

做法演示

❶ 锅注水烧热，放入海鲜酱拌匀。

❷ 加蚝油、生抽调匀。

❸ 加盐、鸡精、味精、白糖调味。

❹ 倒入炸好的茄子拌炒匀。

❺ 煮至入味，用大火收汁。

❻ 用水淀粉勾芡。

❼ 撒上葱花炒匀。

❽ 出锅装盘，撒上青椒丁、红椒丁即可。

食物相宜

宽中顺气

茄子

＋

黄豆

预防心血管疾病

茄子

＋

羊肉

养生常识

★ 中医认为，茄子性寒，味甘，入脾、胃、大肠经，有凉血化淤、清热消肿、宽肠之效，对内痔便血患者也有很好的食疗功效。

螃蟹

芋头南瓜煲

⏱ 10 分钟　　✖ 降压降糖

△ 清淡　　☺ 高血压患者

　　中医认为"夏月伏阴在内，暖食尤宜"，以热治热，有助于解暑和调理身体。这道芋头南瓜煲汤色奶白，香气浓郁，入口滑如凝脂，滋味清淡醇和。绵软香甜的芋头、南瓜纵身投入淡奶、椰浆的怀抱中，一道简单的美食即可让满室飘香。

材料

南瓜	200 克
芋头	200 克
猪瘦肉	100 克
姜片	5 克
蒜末	5 克
葱段	3 克
葱花	3 克

调料

盐	2 克
鸡精	1 克
料酒	3 毫升
白糖	2 克
淡奶	适量
椰浆	适量
食用油	适量

❶ 把去皮洗净的南瓜切成块。

❷ 将去皮洗净的芋头切成小块。

❸ 将洗净的猪瘦肉切片，剁成碎末。

❹ 锅置火上，注入适量食用油烧热。

❺ 倒入南瓜。

❻ 滑油片刻后，捞出备用。

❼ 油锅中放入芋头块。

❽ 滑油片刻后，捞出备用。

做法演示

❶ 锅底留油，烧热，倒入姜片、蒜末、葱段爆香。

❷ 倒入肉末炒至白色。

❸ 淋入料酒炒匀。

❹ 注入适量清水，转大火烧开。

❺ 倒入芋头、南瓜，拌匀至煮沸。

❻ 倒入淡奶、椰浆拌匀。

❼ 加盐、鸡精、白糖调味。

❽ 将锅中的材料转入砂锅。

❾ 砂锅置火上。

❿ 盖上盖子，用大火烧开。

⓫ 取下砂锅后撒上葱花即成。

丝瓜煮荷包蛋

🕐 10分钟　　✖ 凉血解毒
⚖ 清淡　　☺ 女性

　　炎炎夏日，人们需要适时补充盐分和水，一大碗滋味鲜美的清汤能让一桌子大鱼大肉瞬间变得活跃、亲切起来。这道丝瓜煮荷包蛋是名副其实的快手菜，丝瓜鲜嫩爽口，绿里透白，清甜、鲜美的汤散发着淡淡的香气，是夏季解暑补水的聪明之选。

材料		调料	
丝瓜	300克	盐	3克
鸡蛋	4个	鸡精	2克
姜片	5克	胡椒粉	3克
葱花	5克	食用油	适量

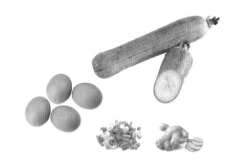

❶ 将洗净的丝瓜切成片。

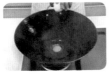

❷ 热锅注入油，分别打入鸡蛋。

❸ 用小火分别煎成荷包蛋。

❹ 锅中加清水。

❺ 放入姜片，加食用油、盐、鸡精、胡椒粉。

❻ 倒入丝瓜，煮沸。

❼ 倒入荷包蛋煮2分钟。

❽ 盛出装盘。

❾ 撒上葱花即可食用。

小贴士

✪ 要选择无破损的新鲜丝瓜。瓜瓤出现腐烂、有异味的丝瓜，切忌食用，以免中毒。

✪ 丝瓜含水量很大，宜现切现做，否则不仅会使营养成分随汁水流走，而且使得丝瓜的口感变得干枯。

✪ 丝瓜要炒熟煮透方可食用，生的丝瓜不宜食用。

✪ 烹制丝瓜时，应注意尽量保持清淡。因为丝瓜本属于清心解热的蔬菜，食用油用得过多，会造成油腻感，影响丝瓜的原味。但是，丝瓜可用味精或胡椒粉提味，这样可以突出丝瓜香嫩爽口的特点。

✪ 丝瓜的味道清甜，烹煮时不宜加酱油和豆瓣酱等口味较重的酱料，以免抢味。

养生常识

★ 丝瓜性味甘平，有消暑凉血、清热解毒、通便、润肤美容的功效。

★ 丝瓜鲜嫩可口，营养丰富，很有食用价值。其含有的 B 族维生素可延缓皮肤衰老，其中富含的维生素 C 能美白肌肤。

食物相宜

防治口臭、便秘

丝瓜

青豆

增强免疫力

丝瓜

鸡蛋

清心润肺

丝瓜

百合

紫苏肉末蒸茄子

⏰ 17分钟 ✂ 行气宽中
🔺 咸香 ☺ 一般人群

　　面对层出不穷的各式美食，吃货常常会陷入两难的境地，既爱馅料的鲜香，又不舍蔬菜的真味，那么这道紫苏肉末蒸茄子一定可以抚慰他们的心。拌入紫苏叶的肉末风味独特，散发着特有的香气，就着鲜嫩的茄子、鲜咸的味汁，绝对让你的味蕾飘飘欲仙。

材料		调料	
紫苏叶	35克	盐	3克
猪肉	200克	味精	1克
茄子	350克	料酒	5毫升
蒜末	15克	生抽	3毫升
葱花	15克	鸡精	1克
		芝麻油	适量
		淀粉	适量
		老抽	3毫升
		水淀粉	适量
		食用油	适量

❶ 把洗净的猪肉剁成末后放入盘中备用。

❷ 将洗净的紫苏叶剁成末。

❸ 将去皮洗净的茄子切段，再切成细条。

做法演示

❶ 炒锅热油，先爆香蒜末。

❷ 倒入肉末炒匀。

❸ 淋料酒、少许生抽炒匀。

❹ 加鸡精、少许盐调味，炒至入味。

❺ 将炒好的肉末盛入盘中。

❻ 加入紫苏叶、淀粉、芝麻油，搅拌均匀。

❼ 将茄条整齐摆放盘中，撒上少许盐。

❽ 把紫苏肉末盛放在茄条上。

❾ 将盘子放入蒸锅。

❿ 加盖后用中火蒸约10分钟至熟。

⓫ 取出后撒上葱花。

⓬ 将剩余生抽、老抽、剩余盐、味精、水淀粉拌匀淋入盘内。

食物相宜

抗压、美白

茄子

+

泡椒

清热解毒

茄子

+

苦瓜

养生常识

★ 紫苏叶具有发汗解表、行气宽中、解表散寒、行气和胃之功效。可用于辅助治疗风寒感冒、咳嗽、妊娠呕吐、鱼蟹中毒等。

滑子菇炒西蓝花

🕐 2分钟　　✗ 防癌抗癌
⚖ 清淡　　😊 一般人群

　　食物不分贵贱，只要吃得健康、吃得美味，吃便成了一种享受。这道菜中的滑子菇、西蓝花、黑木耳都以营养丰富、味道鲜美著称，清淡少盐的口味更符合健康标准。你的所有感官会在这丰富的清鲜脆嫩中得到享受，还你一个神清气爽的夏天。

材料		调料	
西蓝花	100克	盐	3克
滑子菇	40克	鸡精	1克
水发黑木耳	20克	水淀粉	适量
红椒片	20克	食用油	适量

食材处理

❶ 将洗净的滑子菇切成段。

❷ 将洗好的黑木耳切成小朵。

❸ 锅中注水，加入少许盐、少许食用油，拌煮至沸。

❹ 倒入洗净切好的西蓝花、滑子菇、黑木耳。

❺ 焯煮至熟，捞出沥干水。

❻ 装入盘中备用。

做法演示

❶ 锅注油倒入西蓝花、滑子菇、黑木耳翻炒均匀。

❷ 倒入红椒片，拌炒至熟。

❸ 加入剩余盐、鸡精，炒至入味。

❹ 倒入水淀粉。

❺ 翻炒均匀。

❻ 关火起锅，盛入盘中即成。

小贴士

✪ 西蓝花焯水后，应放入凉开水内过凉，捞出沥水再用，烧煮时间不宜过长，加盐时间不宜过早,这样才不致破坏其防癌抗癌的营养成分。

食物相宜

通便美容

西蓝花

＋

西红柿

防癌抗癌

西蓝花

＋

枸杞子

养生常识

★ 脑血栓、高血压、冠心病、硅沉着病、肥胖患者可以多食西蓝花。

★ 体内缺乏维生素K的人要多吃西蓝花。

菠萝烩鸡中翅

⏰ 15分钟　　✂ 美容养颜
🔻 酸甜　　☺ 女性

　　对于吃货来说，夏天是最难熬的季节。在苦夏，这道菠萝烩鸡中翅香气浓郁，滋味酸甜，能够快速唤醒你的食欲，看相又极佳，自然能轻易吸引餐桌上的目光。菠萝脆爽甜润，鸡翅皮酥肉嫩，稍不留神一盘鸡翅可能就被吃光了。

材料

鸡中翅	400克
菠萝肉	200克
红椒	20克
姜片	5克
蒜末	5克
葱白	5克

调料

盐	3克
料酒	3毫升
鸡精	3克
白糖	3克
味精	1克
食用油	适量
芝麻油	适量
番茄酱	适量
生抽	3毫升

❶ 将洗净的鸡中翅划"一"字花刀。

❷ 将洗净的红椒切开，再切成片。

❸ 将菠萝肉去心，切瓣，再切成块。

❹ 鸡中翅加少许盐、味精、白糖。

❺ 加入少许生抽。

❻ 淋入少许料酒拌匀，腌渍 10 分钟。

做法演示

❶ 热锅注油，烧至五成热，放入鸡中翅。

❷ 炸至金黄色捞出。

❸ 用油起锅，倒入姜片、蒜末、葱白爆香。

❹ 倒入切好的红椒片。

❺ 加入菠萝块。

❻ 倒入炸好的鸡中翅炒匀。

❼ 淋入剩余料酒炒香。

❽ 加入约 100 毫升清水。

❾ 加剩余盐、鸡精、剩余生抽拌匀。

❿ 加盖，慢火煮约 3 分钟至鸡中翅入味。

⓫ 揭盖，大火收汁，加番茄酱炒匀。

⓬ 加芝麻油炒匀。

⓭ 用锅铲继续翻炒片刻至入味。

⓮ 盛出装盘即可。

青豆焖鸽子

⏱ 5分钟　　✂ 美容养颜

△ 鲜香　　　☺ 女性

鸽肉高蛋白、低脂肪，是补养身体的佳品，在坊间有"一鸽胜九鸡"的说法。这道菜借助滑油的方式来突显鸽肉的嫩滑品质，吃起来细嫩醇香，而青豆的搭配则将这种纯纯的香气提升到更高层次。

材料

鸽子	350 克
青豆	120 克
姜片	5 克
葱段	5 克
蒜末	5 克
红椒片	20 克

调料

盐	2 克
生抽	3 毫升
料酒	5 毫升
淀粉	适量
白糖	2 克
味精	1 克
水淀粉	适量

❶ 将鸽子洗净，斩块。

❷ 加少许料酒、生抽、少许盐、味精拌匀，撒淀粉裹匀。

做法演示

❶ 锅中加入适量清水，放少许食用油、少许盐煮沸。

❷ 倒入青豆，焯煮约2分钟捞出，过凉水。

❸ 锅注油烧至五成热，倒入鸽肉滑油约2分钟捞出。

❹ 锅留底油，倒入葱段、姜蒜末、红椒片、鸽肉、水翻炒1分钟。

❺ 淋入剩余料酒略煮，倒入青豆。

❻ 加剩余盐、剩余味精、白糖、水淀粉。

❼ 翻炒均匀。

❽ 装盘即成。

小贴士

☺ 选用新鲜、颜色鲜亮、没有异味的鸽肉。

☺ 青豆捞出后迅速过凉水，有利于保证青豆的翠绿外观。

☺ 加入少许辣椒油，味道会更好。

食物相宜

增强免疫力

鸽肉

+

枸杞子

补益脾胃

鸽肉

+

山药

养生常识

★ 鸽肉适宜贫血、体虚者食用，有增强免疫力、益气补血的功效。

第 **3** 章

深秋的味道

秋天是收获的季节，各种各样的蔬菜、水果纷纷上市，也为厨房提供了绝对充足的美味食材。人们经常在这个时节加紧补养，以补充身体在夏季的损耗，准备入冬。厚味的肉、香甜的果实、鲜美的鱼汇成了这个季节最美妙的旋律，给人最美好的深秋享受。

板栗炖白菜

⏱ 12 分钟　　✖ 增强免疫力
📊 清淡　　　☺ 一般人群

　　秋高气爽，板栗飘香，这是一个讲究补养的季节，中国人会通过饮食来补足身体在夏天的损耗，同时调养身心以备入冬。板栗有养胃健脾、补肾强筋之功，此时成熟上市的板栗自然格外受人青睐。板栗炖白菜滋味清鲜不油腻，其中的白菜脆嫩，板栗酥软香甜，吃在嘴里，甜在心中。

材料		调料	
大白菜	300 克	盐	1 克
板栗肉	150 克	水淀粉	10 毫升
胡萝卜块	60 克	生抽	3 毫升
蒜末	5 克	味精	1 克
姜片	5 克	鸡精	1 克
葱白	5 克	食用油	适量
		蚝油	3 毫升

❶ 将洗净的大白菜切成块。

❷ 锅中加清水烧开，入大白菜略煮，入胡萝卜块。

❸ 焯煮约1分钟至熟捞出。

做法演示

❶ 用油起锅，倒入姜片、蒜末、葱白爆香。

❷ 倒入洗好的板栗炒匀。

❸ 加适量清水，加盖，烧开后转小火煮10分钟至熟透。

❹ 揭盖，倒入大白菜、胡萝卜块。

❺ 加蚝油、生抽、盐、味精、鸡精。

❻ 炒匀调味。

❼ 加入水淀粉勾芡。

❽ 淋入少许熟油炒匀。

❾ 盛出装盘即可。

小贴士

✿ 将生板栗洗净，放入器皿中，加少许盐，倒入开水淹没，盖上盖焖5分钟；然后取出切为两瓣，栗衣即随栗子皮一起脱落。

食物相宜

补充营养

白菜

＋

猪肉

预防乳腺癌

白菜

＋

黄豆

健脾益胃

白菜

＋

牛肉

南瓜蒸排骨

- ⏱ 32 分钟
- ⚒ 增强免疫力
- 🗄 清淡
- 😊 老年人

　　南瓜是丰收时节的佳肴，口味与营养兼备，既可入菜，也可作为主食，在很多地方，人们称其为"饭瓜"。这道菜将南瓜与排骨一同蒸制，南瓜绵软鲜甜，带有特殊的香气，排骨肉味纯正、细嫩鲜香，排骨的味道渗入南瓜当中，非常适口下饭。

材料		调料	
南瓜	500 克	蚝油	3 毫升
排骨	300 克	生抽	3 毫升
辣椒面	适量	料酒	5 毫升
豆豉	5 克	盐	3 克
蒜末	5 克	味精	1 克
姜片	5 克	鸡精	1 克
葱花	5 克	淀粉	适量
		食用油	适量

❶ 将洗净的南瓜去皮。

❷ 切成小块后去除瓜籽,再切成厚片。

❸ 整齐地摆入盘中。

❹ 将排骨斩成4厘米的厚段。

❺ 用油起锅,再倒入蒜末。

❻ 放入姜片。

❼ 倒入豆豉炒香。

❽ 倒入辣椒面炒匀。

❾ 加生抽调味。

❿ 拌炒后盛在小碟子中备用。

⓫ 排骨段用干毛巾吸干水分,加入除食用油的所有调料拌匀,淋入食用油腌渍10分钟。

做法演示

❶ 将腌渍好的排骨放在南瓜片上。

❷ 撒上炒好的豆豉。

❸ 转到蒸锅,小火蒸约30分钟。

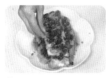

❹ 取出蒸好的排骨后撒上葱花。

❺ 淋入熟油即可。

润肠通便

南瓜

＋

芦荟

补脾健胃

南瓜

＋

牛肉

蒜红枣焖牛腩

🕐 6 分钟	✕ 补血养颜
▲ 咸香	☺ 女性

　　在我们周围，潜伏着大量无肉不欢的吃货，肉的浓香对于他们来说，是一种极致诱惑，也是一种召唤。这是一道名副其实的美食，牛腩肥嫩却不油腻，绵软酥烂，入口爽滑，每一根肉纤维都浸满鲜浓的汤汁。当肉香飘至，伪装得再好的吃货也会放下矜持，一拥而上。

材料

熟牛腩	300 克
红枣	50 克
蒜瓣	20 克
姜片	10 克
葱条	10 克

调料

盐	2 克
味精	1 克
料酒	5 毫升
水淀粉	适量
蚝油	3 毫升
白糖	2 克
芝麻油	适量
煮牛腩的原汤	适量
食用油	适量

❶ 将牛腩切成块。

❷ 将洗净的葱条切成段。

做法演示

❶ 热锅注油，倒入蒜瓣、葱段、姜片炒香。

❷ 放入切好的牛腩、洗好的红枣炒匀。

❸ 倒入料酒、原汤拌匀。

❹ 加盖焖煮约3分钟至熟。

❺ 揭盖，加盐、白糖、蚝油炒匀，再煮片刻。

❻ 加入味精、水淀粉炒匀。

❼ 淋入芝麻油。

❽ 将锅中的材料倒入热砂锅内，煨煮片刻。

❾ 关火，端下砂锅即可食用。

小贴士

✪ 烹饪牛腩时放入山楂、陈皮或茶叶，会使牛肉更易熟烂。

✪ 红烧牛肉时，加少许雪里蕻，能使得菜肴更鲜美。

食物相宜

气血双补

红枣

+

人参

健脾胃、补气血

红枣

+

大米

补血养颜

红枣

+

红糖

橙香羊肉

🕐 23分钟　　✖ 增强免疫力
🌡 鲜香　　　☺ 一般人群

人们喜欢在秋天吃羊肉、"贴秋膘"，羊肉的做法多种多样，你有没有试过蒸的？这道橙香羊肉以多种调料充分调味，入屉蒸熟后的羊肉细嫩鲜香，填入天然的橙子盖中，将甜橙的香气融入肉中，创意独特，让简单的吃法变得富有生趣。

材料

羊肉	500 克
橙子盏	6 个
姜末	5 克
葱花	5 克

调料

盐	3 克
味精	1 克
鸡精	1 克
老抽	5 克
料酒	3 毫升
蒸肉粉	50 克

❶ 把洗净的羊肉切成片。

❷ 锅中加入清水烧开，将橙子盏放入锅中拌匀。

❸ 煮沸后捞出。

做法演示

❶ 羊肉加盐、味精、鸡精、老抽、料酒拌均匀。

❷ 加入姜末拌匀。

❸ 放入蒸肉粉拌匀。

❹ 将拌好的羊肉倒入盘中，铺平。

❺ 放入蒸锅。

❻ 加盖，以中火蒸20分钟至熟。

❼ 揭盖，取出蒸好的羊肉。

❽ 将羊肉装入橙子盏中。

❾ 撒上葱花即可。

小贴士

✪ 煮制羊肉时，放几个山楂或适量萝卜，炒制时放些葱、姜、孜然等作料可有效去除羊肉的膻味。

✪ 羊肉中有很多膜，切丝之前应先将其剔除，否则炒熟后肉膜硬，难以下咽。

食物相宜

缓解寒性腹痛

羊肉

+

姜

增强免疫力

羊肉

+

香菜

养生常识

★ 羊肉能温补气血、补中益气，对风寒咳嗽、小腹冷痛、腰膝酸软等具有补益效果。

西洋参土鸡汤

⏱ 130分钟   ✂ 增强免疫力
🔖 鲜   ☺ 一般人群

　　鸡汤营养丰富，一直是人们补养身体的首选。炖汤讲究的是选材和火候，就像这道菜将土鸡、西洋参、红枣、枸杞子放入炖盅一起慢炖，汤色透亮，汤味醇正、鲜美。

材料		调料	
土鸡	450克	盐	3克
西洋参	15克	鸡精	2克
红枣	10克	料酒	15毫升
枸杞子	10克		
姜片	5克		

❶ 将洗净的土鸡斩成块，装入盘中。

❷ 锅中注入约 1500 毫升清水，倒入鸡块。

❸ 用大火煮沸，汆去血水，捞出。

❹ 将汆过的鸡块放入清水中洗净。

❺ 取出装盘备用。

做法演示

❶ 把鸡块放入炖盅。

❷ 锅中倒入清水，烧开，入料酒、鸡精、盐。

❸ 放入洗好的西洋参、红枣、枸杞子煮沸。

❹ 把煮好的汤料盛入炖盅。

❺ 放入备好的姜片，盖上陶瓷盖。

❻ 将炖盅放入已经加清水的隔水炖锅内。

❼ 盖上锅盖。

❽ 选炖锅"滋补"功能的"炖煮"模式炖 2 小时至熟软。

❾ 揭盖，取出炖好的土鸡汤即成。

食物相宜

补五脏、益气血

鸡肉

枸杞子

益气补血

鸡肉

红枣

增强免疫力

鸡肉

红菜薹

玉竹党参炖乳鸽

⏱ 130分钟　　🗡 增强免疫力
⚖ 鲜　　☺ 一般人群

　　汤品是馋嘴人的至爱，聪明人会有目的地将食材与药材相结合，食借药力，药助食威，赋予汤品更高的食疗价值。这道菜将营养丰富、肉质细嫩的乳鸽搭配玉竹、党参同炖，汤色清透，滋味极鲜，更平添滋阴润燥之功，是讲究饮食养生之人的大爱。

材料		调料	
乳鸽	350克	盐	2克
玉竹	15克	料酒	5毫升
党参	15克	高汤	适量
红枣	5克		
枸杞子	3克		
姜片	8克		

❶ 将乳鸽洗净，斩大块；各药材用清水洗净。

❷ 锅中入适量清水烧开，入乳鸽氽约 5 分钟至断生。

❸ 用漏勺捞出。

做法演示

❶ 将鸽肉、玉竹、党参、红枣、枸杞子、姜片放入汤盅。

❷ 锅中加上汤烧开，加盐、料酒拌匀。

❸ 将上汤舀入汤盅，加上盖子。

❹ 放入蒸锅，慢火炖 2 小时。

❺ 当蒸煮至熟透后取出。

❻ 装好盘即成。

小贴士

✪ 优质的鸽肉有光泽，脂肪洁白；劣质的鸽肉颜色稍暗，脂肪也缺乏光泽。

✪ 保存鸽肉时要注意生、熟分开。

养生常识

★ 玉竹质柔而润，是一味养阴生津的良药。

★ 鸽肉对老年人、病弱体虚者、学生、孕妇及儿童有恢复体力、促进伤口愈合、增强脑力和视力的功用，但是性欲旺盛者及肾功能衰竭者应尽量少吃或不吃。

★ 虽然鸽肉营养价值高，但其缺乏维生素 B_{16}、维生素 C、维生素 D，以及人体正常生命活动必需的碳水化合物。多吃鸽肉可补身，但只吃鸽肉反而会导致其他营养素的缺乏，容易造成身体虚弱。

食物相宜

补气养阴

鸽肉

西洋参

补益气血

鸽肉

莲子

疏肝理气

鸽肉

银耳

蛋黄鱼片

🕐 7分钟　　✗ 增强免疫力

🧂 鲜　　　　☺ 一般人群

　　吃货的世界充满着创新与挑战，不断地突破口感、风味的极限，去寻找世间美味的食物。鸡蛋和鱼同属鲜嫩的食材，口感爽滑，分层蒸熟后同时保留了两种食材各自的鲜美原味，香得纯净、嫩得和谐、鲜得自然，让人不知不觉就爱上它。

材料		调料	
草鱼	300克	盐	2克
鸡蛋	3个	味精	1克
葱花	5克	水淀粉	适量
		胡椒粉	适量
		鸡精	1克
		食用油	适量

食材处理

❶ 将处理好的草鱼切片。

❷ 鱼片加少许盐、味精拌均匀。

❸ 加入水淀粉、食用油，拌匀，腌渍10分钟。

做法演示

❶ 将鸡蛋打入碗内，去蛋清。

❷ 蛋黄加剩余盐、鸡精。

❸ 倒入少许温水拌匀。

❹ 撒入胡椒粉，淋入熟油拌匀。

❺ 将蛋液盛入盘中。

❻ 将蛋液放入蒸锅。

❼ 加盖，慢火蒸5分钟。

❽ 揭盖，将鱼片铺在蛋羹上。

❾ 加盖，蒸1分钟。

❿ 取出蒸好的蛋黄鱼片。

⓫ 撒上葱花。

⓬ 浇上熟油即成。

食物相宜

补虚利尿

草鱼

冬瓜

增强免疫力

草鱼

鸡蛋

清蒸大闸蟹

🕐 10分钟　　✖ 增强免疫力

🔲 鲜　　　　☺ 一般人群

　　大闸蟹的威名在民间可谓如雷贯耳，尤以阳澄湖出产的品质最佳。这个青背、白肚、黄毛、金爪的大闸蟹肉质饱满、滋味鲜美，每逢中秋总能激起食客们难以遏制的食欲。好食材无须多调味，"清蒸"二字足矣。

材料		调料	
大闸蟹	1只	红醋	5毫升
葱	10克		
姜	15克		

 ❶ 将葱洗净，切去尾叶。

 ❷ 将姜去皮，洗净切成丝。

 ❸ 将少许姜、葱条放盘底，放入洗净的大闸蟹。

做法演示

 ❶ 大闸蟹移至蒸锅。

 ❷ 加盖大火蒸7分钟，蒸熟后揭开锅盖。

 ❸ 取出蒸熟的大闸蟹。

 ❹ 挑去姜、葱。

 ❺ 取余下姜丝加入红醋制成蘸料。

 ❻ 佐以蘸料即可食用。

小贴士

✪ 清洗大闸蟹的步骤：①在放置蟹的器皿中倒入少量白酒。②等蟹略有昏迷的时候，用锅铲的背面用力把蟹拍晕。③迅速抓住蟹背，用刷子刷洗蟹的腹部、背部和嘴部。④刷洗蟹的两侧及脚和钳的根部。⑤用抓蟹的拇指和食指顺势沿钳根向上用力抓住蟹钳，打开腹盖，从里向外挤出排泄物。⑥清洗蟹的腹盖内的脏物及蟹钳。

食物相宜

凉血利尿

螃蟹

＋

冬瓜

催乳

螃蟹

＋

虾

鲜玉米烩豆腐

🕐 5分钟	✂ 开胃消食
🔺 鲜香	😊 一般人群

　　豆腐是一种可塑性极高的食材，运用烩的方式可以更好地借助水来帮助加热、调味，风味别具一格。这道以鲜玉米、肉末烩制的豆腐滋味十足、浓香四溢，豆腐的细嫩纯净与玉米粒的脆嫩香甜相得益彰，酥软的肉末掺杂其中，让口感层次格外丰富。

材料

肉末	120 克
嫩豆腐	450 克
鲜玉米粒	50 克
西蓝花	80 克
红椒	20 克
葱花	20 克

调料

辣椒酱	30 毫升
盐	3 克
味精	1 克
鸡精	1 克
老抽	3 毫升
料酒	5 毫升
水淀粉	适量
食用油	适量

❶ 将嫩豆腐切成块。

❷ 将洗净的红椒切成粒。

❸ 锅中注水烧沸，倒入洗净的西蓝花。

❹ 加少许盐，焯至熟。

❺ 捞出沥干水备用。

❻ 放入嫩豆腐。

❼ 焯煮片刻后，捞出备用。

❽ 放入鲜玉米粒。

❾ 焯至熟，捞出备用。

做法演示

❶ 炒锅热油，倒入肉末炒香，加老抽炒匀上色。

❷ 淋入料酒炒匀。

❸ 放入红椒，注入少许清水，翻炒均匀。

❹ 加入辣椒酱搅均匀。

❺ 倒入嫩豆腐、鲜玉米粒。

❻ 加盐、味精、鸡精翻炒均匀，煮至入味。

❼ 用水淀粉勾芡。

❽ 翻炒均匀。

❾ 出锅盛盘，以西蓝花、葱花装饰即成。

食物相宜

凉血解毒

豆腐

＋

西红柿

降血脂、降血压

豆腐

＋

香菇

酸汤鲈鱼

⏱ 10分钟　　✖ 开胃消食　　🔲 酸　　☺ 女性

　　秋日养生宜"减辛增酸以养肝气"，食酸也会唤醒你的味蕾，让你的胃口大开。鲈鱼以鱼、虾为食，肉质细嫩、鲜美。这道菜将鲈鱼的精华融入汤中，酸酸的口味能极大地提高鱼肉的细嫩口感，入口鲜爽、嫩滑，香气浓郁。

材料		调料	
鲈鱼	500克	盐	6克
酸菜	200克	料酒	5毫升
姜片	25克	白醋	3毫升
红椒圈	20克	白糖	2克
		鸡精	1克
		胡椒粉	适量
		食用油	适量

食材处理

❶ 把洗净的酸菜切碎。

❷ 将处理干净的鲈鱼撒少许盐抹匀，腌渍约 10 分钟。

做法演示

❶ 锅注油烧热。

❷ 放入姜片爆香。

❸ 放入鲈鱼，用小火煎约 1 分钟。

❹ 淋入料酒。

❺ 注入适量清水。

❻ 加入少许盐调味。

❼ 盖上盖子，煮约 5 分钟至汤汁呈现出奶白色。

❽ 揭开盖子，倒入酸菜和红椒圈。

❾ 拌煮约 2 分钟至沸腾。

❿ 加白醋、剩余盐、白糖、鸡精、胡椒粉调味。

⓫ 用汤勺撇掉浮沫，出锅即可。

小贴士

✪ 鲈鱼在烹饪之前，要腌渍入味，并吸干水分。

✪ 煎鲈鱼时，火不应太大，以免煳锅。

食物相宜

提高食欲，
促进消化

鲈鱼

香菇

益气补血，
增强人体免疫力

鲈鱼

红枣

养生常识

★ 鲈鱼富含蛋白质、维生素 A、B 族维生素、钙、镁、锌、硒等营养素，是强身补血、健脾益气的佳品。鲈鱼可辅助治疗胎动不安、产后乳少等症。孕产妇吃鲈鱼，既补身，又不会造成营养过剩而导致肥胖。

板栗排骨汤

🕐 65分钟　　✖ 保肝护肾

🗂 鲜香　　😊 男性

中国是板栗的故乡，南方板栗个大，甜香味儿较淡，适合入菜；北方板栗个小，香糯甜润，适合炒食。这道菜将浓香的排骨与甜润的板栗合炖，使排骨肉和汤中都带有淡淡的板栗清香，汤味香醇，甜而不腻，是一道非常容易上手的暖身养生汤。

材料		调料	
猪排骨	300克	盐	2克
板栗肉	150克	味精	1克
姜片	20克	鸡精	1克
		料酒	5毫升

食材处理

❶ 锅中加适量清水，倒入洗净的猪排骨。

❷ 加盖煮沸。

❸ 揭盖后用漏勺将猪排骨捞出，沥干水分备用。

做法演示

❶ 锅中加水烧热，倒入猪排骨、板栗肉。

❷ 撒上姜片。

❸ 淋上料酒。

❹ 加盖煮沸。

❺ 将锅中材料转到砂锅。

❻ 砂锅放置于火上烧开。

❼ 加盖，转小火慢炖1小时。

❽ 揭开盖子，放入盐、味精、鸡精调味。

❾ 端下砂锅，即可食用。

小贴士

✪ 表面光亮、颜色深如巧克力的生板栗常常是陈年的，不宜购买；新板栗颜色较浅，表面如覆了一层不太有光泽的薄粉。

食物相宜

益气补血

板栗

+

红枣

健脑益肾

板栗

+

乳鸽

养生常识

★ 板栗的主要功效为健脾养胃、补肾强筋，对人体的滋补功能可与人参、黄芪、当归等媲美。

★ 板栗所含的不饱和脂肪酸和各种维生素，有抗高血压、冠心病、骨质疏松和动脉硬化的功效，是抗衰老、延年益寿的滋补佳品。

孜然羊肉

🕐 2分钟　　🍴 保肝护肾

📊 咸香　　😊 男性

　　秋叶渐黄，羊肉的浓香是很多人挥之不去的记忆。细嫩焦香的羊肉上沾满芳香、浓烈的孜然和辣椒，一盘孜然羊肉带着浓郁的西北气息，让人看着就口水直流。夹一大块塞进嘴里，酥软鲜香的满足感充满口腔，脆嫩的香菜减缓了辣椒的炙热感，越嚼越香。

材料		调料	
羊肉	400 克	盐	2 克
姜片	25 克	葱姜酒汁	适量
蒜片	25 克	水淀粉	适量
香菜段	8 克	白糖	2 克
		味精	2 克
		辣椒粉	20 克
		孜然粉	10 克
		食用油	适量

❶ 将羊肉洗净，剔骨、切片。

❷ 将羊肉装入盘中，备用。

❸ 加葱姜酒汁、盐、味精、白糖、水淀粉腌渍入味。

❹ 油锅烧热，倒入羊肉，中途用筷子不停搅动。

❺ 氽熟后捞起。

做法演示

❶ 锅留底油，炒香姜片、蒜片。

❷ 倒入羊肉翻炒片刻。

❸ 撒入辣椒粉炒匀。

❹ 加孜然粉炒至入味。

❺ 撒入香菜段。

❻ 炒匀即成。

食物相宜

健脾益胃

羊肉

＋

山药

温经养血

羊肉

＋

当归

小贴士

✿ 炒羊肉的时候，应该用大火快炒，否则羊肉很容易出汁，口感会变老。

海鲜砂锅粥

🕐 20分钟	✕ 增强免疫力
▲ 鲜	☺ 男性

中国人对粥的喜爱与钻研在世界上可谓首屈一指。煮粥简单方便，也易于消化，对身体大有裨益，被历代养生名家极力推荐。这道海鲜砂锅粥将花蟹、蛤蜊、基围虾、鱿鱼同聚一锅，更是鲜上加鲜。蟹肉紧实、鲜美，粥品细滑可口，慢慢喝完，浑身每一个毛孔都舒畅淋漓。

材料		调料	
花蟹	150 克	料酒	5 毫升
蛤蜊	100 克	盐	2 克
基围虾	60 克	味精	1 克
鱿鱼	50 克	鸡精	1 克
大米	200 克	芝麻酱	适量
姜丝	5 克	食用油	适量
葱花	5 克		

食材处理

❶ 将洗净的鱿鱼切段；花蟹洗净，斩块。

❷ 将基围虾切去头须，背部切开去虾线。

❸ 将鱿鱼、蟹、基围虾加料酒、盐、味精、鸡精腌渍 10 分钟。

做法演示

❶ 取砂锅，加入适量清水烧开。

❷ 将大米倒入洗净的砂锅中。

❸ 加入食用油拌匀。

❹ 加盖，慢火煮 15 分钟，煮成粥。

❺ 揭开锅盖，放入少许姜丝。

❻ 倒入洗净的蛤蜊、基围虾、花蟹、鱿鱼。

❼ 用锅勺拌匀。

❽ 加盖，煮 2~3 分钟至熟透。

❾ 揭盖，加入剩余盐、味精、剩余鸡精、芝麻酱调味。

❿ 撒入葱花。

⓫ 关火，端下砂锅即可食用。

食物相宜

养精益气

花蟹

干贝

解毒

花蟹

蒜

生滚猪肝粥

⏰ 40 分钟　　❎ 补血养颜
🔥 清淡　　😊 女性

　　生滚粥是广东粤菜的传统做法，即在预先煮好的白粥中再额外加入其他食材，二次加热滚熟而成。这道生滚猪肝粥借助猪肝之功达到保养身体的目的，米粒软糯适口，猪肝嫩滑，既有粥的清香，又兼具猪肝温补肝脏、补血明目的功效。

材料		调料	
猪肝	200 克	盐	2 克
大米	100 克	味精	1 克
姜丝	5 克	鸡精	1 克
葱花	5 克	料酒	5 毫升
		淀粉	适量
		胡椒粉	适量
		芝麻油	适量
		食用油	适量

食材处理

❶ 洗净的猪肝切成片。

❷ 将猪肝放入碗中，加少许盐、味精、料酒搅拌均匀。

❸ 撒上淀粉拌匀，腌渍 10 分钟。

做法演示

❶ 砂锅中注入适量清水烧开，倒入洗净的大米。

❷ 加入少许食用油拌匀。

❸ 盖上盖，煮约 30 分钟至大米成粥。

❹ 揭盖，放入猪肝拌匀，煮至断生。

❺ 放入姜丝。

❻ 盖上盖，略煮片刻至猪肝熟透。

❼ 加剩余盐、鸡精、胡椒粉调味。

❽ 淋入芝麻油，搅拌均匀，撒上葱花。

❾ 取下砂锅即成。

小贴士

✿ 新鲜的猪肝呈褐色或紫色，用手按压坚实有弹性，有光泽，无腥臭异味。

食物相宜

改善贫血

猪肝

＋

菠菜

有利钙的吸收

猪肝

＋

榛子

百合蒸山药

🕐 10分钟　　✂ 美容养颜

⚖ 清淡　　☺ 女性

　　女人对吃是格外挑剔的，不仅要吃得美味，更要吃得健康、吃得精致。这道百合蒸山药将三种极好的养生食材以蒸的方式熟化，保留了食材的原汁原味，营养成分损失较少。百合鲜美，黑木耳脆嫩，山药绵软柔滑、洁白如玉，是女性滋阴养颜的佳品。

材料		调料	
山药	200克	盐	4克
水发黑木耳	50克	料酒	3毫升
鲜百合	50克	蚝油	3毫升
枸杞子	5克	鸡精	2克
葱花	5克	淀粉	适量
		芝麻油	适量
		食用油	适量

食材处理

❶ 将去皮洗净的山药切成片。

❷ 将洗净的黑木耳切成小块。

做法演示

❶ 取一碗加入黑木耳、山药子、洗好的鲜百合、枸杞子。

❷ 加入蚝油、盐、鸡精、料酒拌匀。

❸ 加入淀粉拌匀。

❹ 淋入芝麻油拌匀。

❺ 把拌好的材料倒入盘中。

❻ 放入蒸锅。

❼ 加上盖，大火蒸 7 分钟至熟透。

❽ 揭开盖取出蒸熟的山药、鲜百合、黑木耳和枸杞子。

❾ 撒上葱花，浇上少许熟油即成。

小贴士

✪ 山药可以用开水烫煮片刻再去皮，这样可以保证山药外观洁白。

✪ 要选用新鲜、没有腐烂变质、发黑的山药。

食物相宜

补脾胃

山药

糯米

强身益寿

山药

燕麦

益气强身

山药

南瓜

排骨玉米汤

🕐 45 分钟　　✖ 增强免疫力
🔺 鲜　　😊 儿童

　　排骨玉米汤是广东粤菜中的传统养生汤品。它的做法非常简单，经两次炖煮的排骨软烂适口，确保了汤色的清透，又不失鲜美的滋味；鲜玉米配以胡萝卜炖汤，口味清甜，那一抹橙红、明黄，让人有种返璞归真之感。

材料		调料	
排骨段	300 克	盐	2 克
鲜玉米	1 根	胡椒粉	适量
胡萝卜	50 克		
姜丝	5 克		
葱段	5 克		

食材处理

❶ 将玉米洗净，切段。

❷ 将胡萝卜去皮洗净，切块。

做法演示

❶ 锅中倒入适量清水，倒入排骨段。

❷ 汆煮至断生捞出。

❸ 放入清水中洗净。

❹ 另起锅加清水，倒入排骨、姜丝、葱段。

❺ 加盖煮沸。

❻ 转到汤锅烧开，倒入玉米、胡萝卜煮沸。

❼ 用慢火煲 40 分钟至排骨熟软。

❽ 加盐、胡椒粉调味。

❾ 端出即可。

小贴士

☺ 此汤不宜放油，以保证成品的清甜糯香。

☺ 排骨不要切得太大块，否则会延长煮制时间。

食物相宜

防癌抗癌

玉米

+

松仁

预防冠心病

玉米

+

木瓜

养生常识

★ 胡萝卜不要过量食用，大量摄入胡萝卜素会令皮肤的色素产生变化，变成橙黄色，即常说的"胡萝卜血症"。

★ 胡萝卜应用油炒热或和肉类一起炖煮后食用，这样更容易吸收其中的胡萝卜素。

浓汤羊肉锅

⏱ 8分钟　　✕ 保肝护肾
🅰 鲜浓　　😊 男性

　　古人以"羊大为美，鱼羊为鲜"，这份真材实料的浓汤羊肉锅汤色乳白、营养丰富。羊肉细嫩的口感取决于切的薄厚适中，太薄会毫无嚼劲儿，太厚又不易入味；白菜和白萝卜的加入让汤的营养更均衡，汤味更醇和、鲜浓。在寒冷的日子里，来一大碗羊肉汤，会让人感觉暖洋洋的。

材料		调料	
羊肉	350 克	盐	2 克
白菜	150 克	味精	1 克
白萝卜	适量	鸡精	1 克
彩椒	20 克	白糖	2 克
姜片	20 克	料酒	5 毫升
浓汤	1000 毫升	水淀粉	适量
		食用油	适量

❶ 将洗净的羊肉切片。

❷ 将白菜洗净切片。

❸ 将白萝卜洗净切片。

❹ 将洗好的彩椒切成片。

❺ 羊肉加料酒、少许鸡精、少许盐、少许味精抓匀。

❻ 淋上水淀粉抓匀，腌渍10分钟至入味。

做法演示

❶ 炒锅热油，倒入姜片炒香。

❷ 加入白菜和白萝卜炒匀。

❸ 加入水炒匀，倒入浓汤，用大火煮沸。

❹ 加入剩余盐、剩余味精、剩余鸡精、白糖。

❺ 撒入彩椒拌匀。

❻ 倒入腌渍好的羊肉片。

❼ 拌匀后用大火再煮3分钟至羊肉完全熟透。

❽ 关火，装盘即可。

食物相宜

滋阴润肺

白菜

＋

鸭肉

改善妊娠水肿

白菜

＋

鲤鱼

清热解毒

白菜

＋

田螺

碧绿鲜鱿鱼

⏰ 3分钟　　✄ 防癌抗癌
🔲 鲜　　　　☺ 一般人群

几乎没有人能拒绝鲜味的诱惑，它忽隐忽现、时重时轻，闪现在不同食材与菜品之间，等待一个时机，跳出来征服你的味蕾。这道菜中西蓝花碧绿、鲜嫩，富含多种有益人体的微量元素；脆嫩的鱿鱼卷入口鲜香，将带给你大自然最纯净、最纯粹的鲜味。

材料

鲜鱿鱼	300 克	
西蓝花	200 克	
葱段	5 克	
胡萝卜片	20 克	
青椒片	20 克	
红椒片	20 克	
姜片	5 克	

调料

盐	4 克
味精	3 克
料酒	15 毫升
鸡精	适量
淀粉	适量
水淀粉	适量
食用油	适量

❶ 将洗净的鱿鱼划成两半，打上网格花刀，再切成片。

❷ 将鱿鱼须切成小段。

❸ 将洗净的西蓝花切成小朵。

❹ 将切好的鱿鱼放入碗中，放入姜片。

❺ 加入料酒、少许盐、少许味精、淀粉拌匀，腌至入味。

❻ 锅中注入适量清水，放入少许食用油，加少许盐、鸡精，烧至沸。

❼ 倒入西蓝花煮至熟。

❽ 捞出沥干水。

❾ 放盘中摆好。

❿ 另起锅，注水烧沸，放入腌好的鱿鱼。

⓫ 氽至断生后捞出沥水备用。

做法演示

❶ 用油起锅。

❷ 倒入葱段、胡萝卜片、青椒片、红椒片。

❸ 倒入鱿鱼，淋入料酒。

❹ 翻炒至熟透。

❺ 加剩余盐、剩余味精调味。

❻ 用水淀粉勾芡。

❼ 翻炒至入味。

❽ 盛入盘中，摆好即成。

爆墨鱼卷

　　爆墨鱼卷是一道刀工、火候都极为讲究的温州名菜。人们选择最新鲜的墨鱼，剖刀须深浅、宽度一致，烹饪时氽水、过油、勾芡数道工序一气呵成，方能保证最终菜品鲜嫩爽脆的特色。满盘麦穗状的墨鱼卷挂着一层薄薄的芡汁，色白如雪，也煞是好看，十分诱人。

材料		调料	
墨鱼	350克	盐	2克
姜	15克	味精	1克
红椒	15克	料酒	5毫升
葱	5克	水淀粉	适量
蒜	5克	芝麻油	适量
		食用油	适量

食材处理

 ❶ 墨鱼片取净肉剖麦穗花刀，切长方块。

 ❷ 将姜去皮洗净，切成末。

 ❸ 将蒜切末。

 ❹ 将红椒洗净切末。

 ❺ 将葱洗净切末。

 ❻ 热锅注水烧开。

 ❼ 加少许盐、少许味精煮沸，倒入墨鱼汆至断生捞出。

做法演示

 ❶ 锅注油烧至七成热，倒入墨鱼卷略炸后捞出。

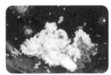 ❷ 锅倒油、姜、蒜、墨鱼炒 1 分钟，加料酒、剩余盐、剩余味精炒匀。

 ❸ 加入水淀粉勾芡，加芝麻油、红椒炒匀，盛出，撒上葱末即成。

小贴士

☺ 宜选择色泽鲜亮洁白、无异味、无黏液、肉质富有弹性的墨鱼。

☺ 墨鱼要尽可能保持干冷，可以在买回来时先洗净，然后用纸巾擦干水。

食物相宜

生乳下乳

墨鱼

+

木瓜

通乳下乳

墨鱼

+

花生

养生常识

★ 墨鱼适宜阴虚体质、贫血、血虚经闭、带下、崩漏者食用。

★ 腐烂的墨鱼含有大量的致癌物质，不可食用。

第 4 章

冬日厨房

寒风凛冽的冬天，时令蔬果相对不足，耐存的白菜、萝卜、土豆成了厨房里的常客。为了抵御寒冷，热气腾腾的炖肉、火锅强势吸引人们的目光，适当地食辣也成了不错的选择。在充斥着甘肥厚味之品的日子里，偶尔变换一下烹调方式与口味，给自己一点小惊喜也是不错的。

三色蒸蛋

- ⏱ 12分钟
- ❌ 增强免疫力
- 🍶 清淡
- 😊 一般人群

　　很多人对鸡蛋羹的记忆还停留在童年时代，嫩滑爽口的鸡蛋羹上薄薄地铺上一层葱末或酱油，美味得让人垂涎欲滴。这道三色蒸蛋将鸡蛋羹、皮蛋、咸蛋三种美味汇聚于一盘，口感、香气更胜一筹，菜色缤纷悦目，无论是营养，还是看相，皆是不俗的菜肴。

材料		调料	
鸡蛋	3个	盐	2克
皮蛋	1个	鸡精	1克
咸蛋	1个	胡椒粉	适量
葱花	5克	香油	适量

食材处理

❶ 将咸蛋、皮蛋放入锅中煮一会儿，捞出。

❷ 捞出后，双蛋剥开切小块备用。

❸ 将鸡蛋打散，加温水、盐、鸡精、胡椒粉、香油搅拌。

做法演示

❶ 将蛋液放入蒸锅，加盖大火蒸约 10 分钟至熟。

❷ 取出蒸好的蛋羹，撒入咸蛋、皮蛋。

❸ 放入蒸锅蒸 1 分钟至熟透。

❹ 取出，撒入葱花即可。

小贴士

✪ 用钢丝或者棉线切皮蛋，会使得皮蛋比较干净，形状也完好。

✪ 蒸蛋时要掌握好火候，以免蒸蛋变硬。

✪ 如果喜欢较淡的口味，可以不加盐，靠咸蛋的盐分调味即可。

✪ 如果喜欢较重的口味，也可以加入海鲜酱油搭配着吃。

食物相宜

增强人体免疫力

鸡蛋

干贝

保肝护肾

鸡蛋

韭菜

蒸肉卷

⏱ 5分钟　　✖ 增强免疫力

🧂 咸香　　☺ 一般人群

　　五花肉肥瘦相间，既有瘦肉的口感，又有肥肉的鲜香。蒸肉卷是一道经典的东北菜，将白嫩透明的五花肉切得厚度整齐一致，紧紧包裹着青椒丝、红椒丝，以高温蒸制的方式将肉中的油脂有效渗出，鲜嫩而不油腻，香浓微辣，是爱吃肉的人们最爱的菜品。

材料		调料	
熟五花肉	350 克	盐	2 克
青椒	25 克	鸡精	1 克
红椒	25 克	水淀粉	适量
		食用油	适量

食材处理

❶ 将红椒先切段，再切成丝。

❷ 将青椒切段后切丝。

❸ 将熟五花肉切片。

做法演示

❶ 在肉片上放上青椒丝、红椒丝。

❷ 卷起制成肉卷。

❸ 依此做完肉卷，摆入盘中。

❹ 将肉卷放入蒸锅。

❺ 加盖蒸 2 分钟。

❻ 肉卷蒸熟取出。

❼ 用油起锅，加少许清水。

❽ 加入盐、鸡精拌匀煮沸。

❾ 倒入水淀粉调匀，制成芡汁。

❿ 将芡汁浇在肉卷上。

⓫ 装盘即成。

食物相宜

降低胆固醇

五花肉

+

红薯

开胃消食

五花肉

+

白菜

金针菇牛肉卷

⏱ 10分钟　　✂ 增强免疫力
🌡 清淡　　　☺ 男性

　　厌倦了大鱼大肉，在食材搭配和口味调剂上，吃货们总会有各种奇思妙想。就像这道菜清淡又不失营养、鲜美，牛肉口感鲜嫩、味道香浓，金针菇脆嫩爽滑，除了运用蒸的方法外，用煎的方法也是绝佳之选。当脆嫩遇上鲜香，总会让人觉得幸福来得太突然。

材料		调料	
牛肉	300克	食用油	适量
金针菇	200克	盐	3克
香菜	20克	鸡精	1克
姜丝	5克	淀粉	适量
		蚝油	3毫升
		生抽	5毫升
		白糖	2克
		面粉	适量
		水淀粉	适量

❶ 将洗净的金针菇切去根部，备用。

❷ 将洗净的牛肉切成片。

❸ 将牛肉片盛入碗中，加入少许盐、少许生抽、少许鸡精、白糖、面粉，拌匀。

❹ 加入淀粉拌匀。

❺ 加入少许食用油，腌渍 10 分钟。

❻ 锅中注入 1000 毫升清水烧热，加入少许盐、少许鸡精、少许食用油烧开。

❼ 倒入金针菇。

❽ 煮沸后捞出。

做法演示

❶ 将牛肉片摊平，放上姜丝、香菜、金针菇。

❷ 卷起裹好后，摆入盘中。

❸ 将牛肉卷放入蒸锅中。

❹ 加盖，用大火蒸 7 分钟。

❺ 牛肉卷蒸熟后取出装盘。

❻ 用油起锅，注入 150 毫升清水。

❼ 加入剩余盐、剩余鸡精、蚝油、剩余生抽拌匀煮沸。

❽ 加入水淀粉调匀，制成浓汁。

❾ 将浓汁淋在牛肉卷上即可。

食物相宜

延缓衰老

牛肉

＋

鸡蛋

养肝补肾

牛肉

＋

枸杞子

冬笋鸡丁

⏱ 3分钟　　✂ 增强免疫力

🔥 清淡　　☺ 女性

冬笋是恰逢冬季上市的鲜美食材，素有"金衣白玉，蔬中一绝"之赞，其中笋尖幼嫩、清脆，最适宜与肉类同炒。这道冬笋鸡丁做法简单，鸡丁细嫩，滑油后口感更加松软，且冬笋鲜嫩爽脆。稍候片刻，一道清淡鲜香、软脆适口的营养菜品就上桌了。

材料		调料	
冬笋	100克	盐	2克
鸡胸肉	100克	味精	1克
胡萝卜	100克	白糖	2克
青椒	15克	水淀粉	适量
姜片	5克	料酒	5毫升
蒜末	5克	食用油	适量
葱白	5克		

❶ 将洗净的冬笋切丁，去皮洗净的胡萝卜切丁。

❷ 将洗净的青椒切片。

❸ 将鸡胸肉切条块，再切成细丁。

❹ 鸡丁加少许盐、少许味精、水淀粉、食用油，腌渍10分钟。

❺ 锅中加入清水，加少许盐烧开，入冬笋、胡萝卜煮2分钟。

❻ 捞出放入盘中。

做法演示

❶ 热锅注油烧至四成热，放入鸡丁，滑油约1分钟。

❷ 捞出放入盘中。

❸ 锅中留油，放姜片、蒜末、葱白爆香，入冬笋、胡萝卜、青椒炒匀。

❹ 倒入鸡丁，入料酒、剩余盐、剩余味精、白糖炒入味。

❺ 加入水淀粉勾薄芡。

❻ 盛入盘中即可。

小贴士

✪ 将挑选好的冬笋除去外壳并洗净，然后将大的冬笋切成两半，放在蒸架或清水锅中煮至五成熟，取出摊放在竹篮子中通风，可保鲜10～15天。

食物相宜

增强记忆力

鸡肉

金针菇

增强食欲

鸡肉

柠檬

补肾虚、益脾胃

鸡肉

板栗

大盘鸡

🕐 14 分钟　　✂ 促进食欲

🌡 香辣　　　　☺ 男性

提及新疆菜，人们总会想到大盘鸡，这是一道融合了多地饮食习惯与风味的经典混搭菜式。大盘鸡量大实惠，土豆软糯甜润，鸡肉香软嫩滑，却毫不腻口，啤酒的加入让鸡肉的口感更嫩、香气更浓。麻辣鲜香的感受在口中肆意宣泄，让你吃得过瘾。

材料		调料	
光鸡	750 克	盐	2 克
土豆	200 克	蚝油	3 毫升
姜	15 克	糖色	适量
青椒	30 克	啤酒	适量
干辣椒	7 克	食用油	适量
桂皮	适量		
八角	适量		
花椒	5 克		
葱	5 克		
蒜	5 克		

食材处理

❶ 将青椒洗净切片。

❷ 将土豆去皮洗净，切成块。

❸ 将光鸡洗净斩块。

❹ 将姜去皮洗净，切成片。

❺ 将葱洗净切段，蒜去皮洗净拍扁。

做法演示

❶ 用油起锅，入鸡块炒至断生，入糖色炒匀。

❷ 入姜、少许葱段、蒜末、干辣椒、花椒、八角、桂皮。

❸ 翻炒至鸡块散发出香味。

❹ 倒入适量啤酒拌均匀。

❺ 加入土豆块拌匀。

❻ 加盖焖8分钟至鸡块和土豆熟透，加盐、蚝油调味。

❼ 大火收汁。

❽ 放入青椒片炒匀，撒入剩余葱段拌匀。

❾ 盛出装盘即可。

食物相宜

健脾开胃

土豆

＋

辣椒

可缓解胃部疼痛

土豆

＋

蜂蜜

清香三素

⏱ 2分钟　　✕ 降脂降压
🔺 清淡　　　☺ 高脂血症

　　吃腻了肥甘厚味，改吃一点清淡、脆爽的蔬菜不仅营养更均衡，也能帮助调节身体。这道清香三素汇集了三种鲜嫩的蔬菜，经焯水后红、绿、白三色艳丽明亮。脆嫩爽口的荷兰豆带着淡淡的清香，能带给你如沐春风般小清新的感受。

材料

荷兰豆	200克
鲜香菇	100克
红椒	20克
姜片	5克
蒜末	5克
葱白	5克

调料

盐	3克
鸡精	2克
水淀粉	10毫升
料酒	5毫升
食用油	适量

食材处理

❶ 将洗净的鲜香菇切成片；洗好的红椒切开，去籽，切成片。

❷ 锅中加适量清水烧热，加少许食用油、少许盐，拌匀。

❸ 倒入鲜香菇略煮。

❹ 倒入洗好的荷兰豆煮约2分钟。

❺ 倒入红椒，拌匀，焯片刻。

❻ 将煮好的材料捞出备用。

做法演示

❶ 用油起锅，倒入姜片、蒜末、葱白爆香。

❷ 倒入焯水后的荷兰豆、鲜香菇和红椒炒匀。

❸ 加鸡精、剩余盐，淋入料酒炒匀调味。

❹ 用水淀粉勾芡。

❺ 快速翻炒均匀。

❻ 盛出装盘即可。

食物相宜

益气养血

香菇

+

牛肉

提高免疫力

香菇

+

油菜

小贴士

✿ 在炒制之前，先将荷兰豆焯水，可以保持其颜色鲜绿油亮。

福建荔枝肉

🕐 12分钟　　✂ 开胃消食
⬛ 酸甜　　😊 儿童

　　这是福州鼎鼎大名的传统特色美食，运用精湛的刀工与烹饪技法，将肉模仿出荔枝的特征，其形、色、味皆酷似荔枝，故而得名。这道菜色泽红亮，马蹄肉脆嫩鲜甜，荔枝肉外脆内软，裹着薄薄的芡汁，酸中有甜，甜中带酸，让你的味蕾瞬间活跃起来。

材料		调料	
马蹄	100克	蛋清	适量
猪瘦肉	200克	白糖	适量
葱白末	7克	盐	2克
蒜末	3克	淀粉	适量
		白醋	3毫升
		水淀粉	适量
		红糟汁	适量
		番茄汁	适量
		食用油	适量

食材处理

❶ 将猪瘦肉洗净，切方片，打上网格花刀。

❷ 将马蹄去皮切小块，蒜切末，葱切末。

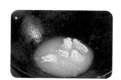
❸ 将肉片放入热水中，汆至断生捞出。

做法演示

❶ 将马蹄和肉片加少许红糟汁、盐、蛋清、少许淀粉拌匀。

❷ 肉片花刀面朝外，呈荔枝状，插入牙签固定。

❸ 裹上淀粉备用。

❹ 热锅注油烧至五成热，倒入马蹄略炸，捞出。

❺ 把肉放入五成热的油锅炸约 2 分钟至熟后捞出，抽去牙签。

❻ 锅留底油，倒入蒜末、葱白末煸香。

❼ 加入白醋、剩余红糟汁、番茄汁、白糖、水淀粉调汁。

❽ 倒入马蹄和荔枝肉拌匀。

❾ 出锅即成。

小贴士

✪ 马蹄生长在泥中，外皮和内部可能附着较多的细菌和寄生虫，所以应该洗净煮透后食用。

养生常识

★ 马蹄含有丰富的淀粉、蛋白质、粗脂肪、钙、磷、铁、多种维生素等营养素，有清热润肺、生津消滞、利尿等功效。

食物相宜

有利于消化

马蹄

+

核桃仁

清利咽喉

马蹄

+

梨

防治流感

马蹄

+

甘蔗

咖喱猪肘

⏰ 3分钟　　❌ 促进食欲

🔺 咸香　　😊 一般人群

　　一些人喜欢在饮食调味上寻找一点新奇、小刺激，浓香重辣是他们的最爱，于是各种咖喱味的菜式抢占了冬日的餐桌。这道菜猪肘肉嫩软适口，嚼起来香气四溢，咖喱辛辣、香郁，散发着独特的香气，是十足的米饭杀手。

材料

熟猪肘	500克
洋葱片	20克
青椒片	20克
红椒片	20克
姜片	5克
蒜末	5克

调料

盐	2克
味精	1克
白糖	2克
老抽	3毫升
水淀粉	适量
料酒	5毫升
食用油	适量
咖喱膏	30克

食材处理

❶ 将熟猪肘切成片。

❷ 将切好的猪肘装入盘中备用。

做法演示

❶ 油烧热，入姜片、蒜末、洋葱片、青椒片、红椒片。

❷ 倒入切好的猪肘。

❸ 加入料酒，炒香。

❹ 倒入咖喱膏，翻炒均匀。

❺ 加入盐、味精、白糖和老抽。

❻ 加入少许清水炒约1分钟入味。

❼ 加水淀粉勾芡。

❽ 淋入熟油拌炒均匀。

❾ 起锅，将咖喱猪肘盛入盘中即可。

小贴士

◉ 晚餐吃得太晚或临睡前不宜吃猪肘，以免影响消化。

养生常识

★ 猪肘性平、味甘咸，有和血脉、润肌肤、健腰腿的作用。

★ 猪肉能为人体提供优质蛋白质和必需的脂肪酸，提供血红蛋白和促进铁吸收的半胱氨酸，能改善缺铁性贫血。

食物相宜

养血生血

猪肘

花生

丰胸养颜

猪肘

木瓜

补血养颜

猪肘

黑木耳

浓香咖喱鱼丸

🕐 4分钟　　✖ 促进食欲
🧂 咸香　　😊 一般人群

　　咖喱鱼丸身上浓缩着很多人对香港美食的记忆，它的辛辣鲜香让人销魂，来这么一道让人大饱口福的快手菜，给寒冷的冬天加点儿料，再适合不过了。这道菜中土豆酥糯咸鲜，咖喱浓郁的辛香气弥漫在齿间，鱼丸软嫩弹牙，味道鲜美。

材料		调料	
土豆	120克	咖喱膏	30克
鱼丸	300克	盐	2克
胡萝卜	150克	白糖	2克
洋葱末	15克	鸡精	1克
蒜末	15克	水淀粉	适量
青椒末	15克	食用油	适量
红椒末	15克		

❶ 将去皮洗净的土豆切成小块。

❷ 将洗净的胡萝卜切块。

❸ 清水烧开，加少许盐、少许鸡精、胡萝卜、土豆拌匀。

❹ 焯熟后捞出备用。

❺ 倒入鱼丸氽煮片刻。

❻ 捞出沥干。

做法演示

❶ 热油锅，入洋葱末、蒜末、青椒末、红椒末炒香。

❷ 放入咖喱膏炒匀。

❸ 倒入胡萝卜、土豆、鱼丸，翻炒均匀。

❹ 倒入少许清水，煮至沸腾。

❺ 加剩余盐、剩余鸡精、白糖调味，翻炒至入味。

❻ 用水淀粉勾芡。

❼ 快速拌炒均匀。

❽ 出锅盛盘即成。

食物相宜

防治便秘

土豆

蒜薹

除烦润躁

土豆

豆角

宽肠通便

土豆

猪肉

酒香腰丝

- ⏱ 4 分钟
- ✂ 保肝护肾
- 🧂 咸香
- 😊 男性

　　美食当前，吃货们趋之若鹜的真正理由往往源自于"好吃"。这道酒香腰丝将猪腰丝配以青椒丝、红椒丝、洋葱丝，大火爆炒后入口脆嫩鲜香，咸鲜适口，细细回味之余带有淡淡的酒香。

材料

猪腰	200 克
洋葱丝	50 克
红椒丝	20 克
青椒丝	20 克

调料

盐	2 克
味精	1 克
白糖	2 克
水淀粉	适量
料酒	5 毫升
黄酒	3 毫升
淀粉	适量
生抽	5 毫升
食用油	适量

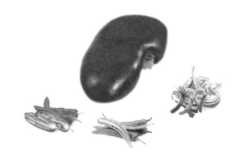

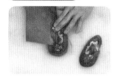

❶ 把洗净的猪腰对半切开，去除筋膜。

❷ 切成细丝，放入盘中备用。

❸ 加黄酒、少许盐、少许味精、淀粉拌匀，腌渍 10 分钟。

做法演示

❶ 锅中加水烧热，放入猪腰拌匀。

❷ 氽至断生后捞出。

❸ 起油锅，倒入青椒丝、红椒丝、洋葱丝。

❹ 倒入猪腰，加料酒炒匀。

❺ 淋入生抽，炒至熟透。

❻ 加入剩余盐、剩余味精、白糖炒至入味。

❼ 加水淀粉勾芡。

❽ 翻炒均匀。

❾ 出锅即成。

小贴士

✿ 新鲜的猪腰颜色呈自然的深红色，按下去有弹性，没有水分。

✿ 猪腰不宜保存，宜现买现做。

养生常识

★ 中医认为，猪腰性味咸、平，归肾经，具有补肾、益精、利水的功效，主治肾虚腰痛、遗精盗汗、产后虚羸、身面浮肿等症。适宜肾虚耳聋、耳鸣者食用；血脂偏高者、高胆固醇血症者忌食。

★ 中医认为，黄酒性热、味甘苦，有通经络、行血脉、温脾胃等疗效。

食物相宜

补肾温阳

猪腰

韭菜

补肾益气

猪腰

枸杞子

通调膀胱

猪腰

红枣

沙茶牛肉

🕐 4分钟　　✖ 保肝护肾

🏠 咸香　　😊 一般人群

　　沙茶风味盛行于东南亚地区，味道辛辣香浓，后传入我国南方地区。沙茶酱在融入地方菜系时变得鲜香微辣、略带甜味。这道沙茶牛肉将中外不同的风味加以巧妙融合，浓郁的芡汁将嫩滑的牛肉层层裹住，入口香辣微甜，美味超乎想象！

材料		调料	
牛肉	300克	沙茶酱	25毫升
洋葱	50克	盐	2克
青椒片	10克	白糖	2克
红椒片	10克	味精	1克
蒜末	5克	蚝油	3毫升
青椒末	5克	淀粉	适量
红椒末	5克	生抽	5毫升
		水淀粉	适量
		食用油	适量

❶ 将洗好的洋葱切片。

❷ 将洗净的牛肉切片。

❸ 牛肉片加淀粉、生抽、少许盐、少许味精抓匀。

❹ 淋入少许水淀粉拌匀。

❺ 注入少许食用油，腌渍 10 分钟。

❻ 热锅注油，烧至四成热，放入牛肉。

❼ 滑油片刻后，捞出备用。

做法演示

❶ 锅底留油烧热，放入蒜末、青椒末、红椒末爆香。

❷ 倒入青椒片、红椒片和洋葱片炒匀。

❸ 倒入牛肉。

❹ 放入沙茶酱炒匀。

❺ 加剩余盐、白糖，剩余味精、蚝油调味。

❻ 翻炒至熟透。

❼ 用剩余水淀粉勾芡。

❽ 翻炒均匀。

❾ 出锅装盘即成。

食物相宜

保护胃黏膜

牛肉

土豆

补脾开胃

牛肉

+

洋葱

山药羊骨汤

🕐 43分钟	✂ 保肝护肾
🔺 鲜	😊 男性

　　嘴馋的人通常格外爱喝汤，尤其是在寒冷的腊月，一碗热气腾腾的肉汤往往会让人爱得死心塌地。这道山药羊骨汤汤味鲜浓、营养滋补，山药软糯香甜，透熟而又未变成泥，入口酥烂的羊骨肉更是冬日里温补的佳品，余香绕指，暖上心头。

材料		调料	
马蹄肉	100克	盐	3克
山药	150克	鸡精	2克
胡萝卜	50克	味精	2克
羊骨	750克	胡椒粉	适量
姜	10克		
枸杞子	5克		

❶ 将洗好的胡萝卜切成块。

❷ 将姜切片。

❸ 将已去皮洗好的山药切块。

❹ 锅中倒入适量清水，倒入羊骨。

❺ 加盖，焖煮约 5 分钟至断生。

❻ 捞出羊骨。

做法演示

❶ 清水烧开，入胡萝卜、山药、姜、羊骨。

❷ 倒入马蹄肉，煮沸。

❸ 将羊骨、马蹄肉及汤汁都盛入烧热的砂锅中。

❹ 倒入备好的枸杞子。

❺ 加盖，慢火炖 40 分钟至熟透。

❻ 揭盖，加盐、鸡精、味精调味。

❼ 撒上胡椒粉。

❽ 关火后取下砂锅即可食用。

食物相宜

预防骨质疏松

山药

+

芝麻

益气补血

山药

+

红枣

增强免疫力

山药

+

排骨

脆皮羊肉卷

- ⏱ 10分钟
- ✖ 保肝护肾
- ⚖ 鲜脆
- ☺ 男性

脆皮羊肉卷是一道经典的西北菜式，它巧妙融合了卷裹、包馅、油炸三种烹饪特色，丝毫不显西域的粗犷之风，却在精致、典雅、奇巧上独创蹊径。一口咬下去，外层的蛋皮香脆，而内里的羊肉细嫩、咸鲜，味道出乎意料。

材料

羊肉	300克
洋葱	50克
青椒	20克
红椒	20克
鸡蛋	2个
面包糠	150克
蛋液	适量

调料

盐	2克
味精	1克
料酒	5毫升
水淀粉	适量
生抽	3毫升
食用油	适量
辣椒面	适量
孜然粉	适量

食材处理

❶ 将洗净去皮的洋葱切丝，再切成粒。

❷ 将红椒去籽切丝后切粒,青椒切丝剁成粒。

❸ 处理干净的羊肉切丝，剁成肉末。

❹ 羊肉末中加入少许盐、味精，用筷子拌匀。

❺ 鸡蛋打入碗内。

❻ 打散加少许盐调匀。

做法演示

❶ 锅中加油，用肥肉擦抹，倒入少许蛋液。

❷ 小火煎成蛋皮，重复操作煎数片蛋皮。

❸ 装入盘中备用。

❹ 起油锅，倒入羊肉末炒匀，加料酒炒熟。

❺ 加入辣椒面、孜然粉炒香。

❻ 倒入洋葱粒、青椒粒、红椒粒炒匀。

❼ 加入生抽炒匀，放剩余盐、味精调味。

❽ 加入水淀粉勾芡。

❾ 拌炒均匀，羊肉末盛出装盘备用。

❿ 取蛋皮，放入羊肉末。

⓫ 卷起，用蛋清封两端口，制成肉卷胚。

⓬ 装盘，卷胚浇上蛋液，以面包糠裹匀。

⓭ 热锅注油，烧至四成热，放入羊肉卷。

⓮ 炸约 1 分钟捞出。

⓯ 将炸好的羊肉卷斜切成段。

⓰ 装入盘中即可。

扳指干贝

⏱ 20分钟 ❎ 降低血压

⚖ 清淡 ☺ 高血压患者

人们在寻找世间美味食材的同时，也在烹饪中寻求改变，改变食材的形状、色泽、口味，来挖掘同一种食材的不同表现。这道菜将干贝填入环状的白萝卜中，黄白相间，典雅美观，浇上原汁原味的芡汁，入口鲜嫩软润，口齿留香。

材料

水发干贝	100克
白萝卜	200克
西蓝花	150克
姜片	10克
葱条	7克

调料

盐	2克
味精	1克
料酒	5毫升
水淀粉	适量
胡椒粉	适量
食用油	适量

食材处理

❶ 将西蓝花洗净，切瓣备用。

❷ 将白萝卜去皮洗净，切成约 1.6 厘米厚的段。

❸ 每个萝卜段分别用圆形薄铁筒扎穿，去掉萝卜心。

❹ 呈"扳指"形。

❺ 每个"扳指"均填入水发干贝 1 粒。

❻ 全部完成后摆入盘内，放入葱条、姜片。

做法演示

❶ 将"扳指干贝"放入蒸锅中，淋入料酒。

❷ 加盖蒸 15 分钟至熟。

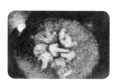

❸ 锅中注水，加少许盐、油煮沸，倒入西蓝花。

❹ 焯熟后捞出摆盘。

❺ 取出蒸熟的"扳指干贝"，挑去姜片、葱条。

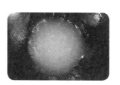

❻ 原汁倒入锅中，加剩余盐、味精、水淀粉、熟油、胡椒粉调汁。

❼ 将汁浇于"扳指干贝"上。

❽ 端出即可食用。

食物相宜

滋阴润燥

干贝

＋

瓠瓜

滋阴补肾

干贝

＋

猪瘦肉

上汤豌豆苗

- 🕐 5分钟
- 🍲 鲜
- ✖ 瘦身养颜
- 🙂 女性

上汤是自古传承下来的烹饪调味汤品，能帮助调味、提鲜，以多种肉类加水慢火精心熬制，制作成本较高。这道上汤豌豆苗汤色嫩白，味道鲜美，柔嫩的豌豆苗在浓汤中飘着淡淡的豌豆香，满眼的碧绿、橙红、嫩白之间，一派阳春白雪的盎然春意。

材料

豌豆苗	100克
咸蛋	1个
皮蛋	1个
胡萝卜片	20克
蒜	适量

调料

盐	2克
鸡精	1克
芝麻油	适量
白糖	2克
上汤	适量
食用油	适量

❶ 将咸蛋煮熟去壳，切瓣。

❷ 将皮蛋煮熟去壳，切瓣。

做法演示

❶ 锅中倒入适量清水，加入盐、食用油烧开。

❷ 倒入洗净的豌豆苗拌匀，焯熟后捞出。

❸ 起油锅，放入蒜煸炒香。

❹ 倒入上汤拌匀。

❺ 加皮蛋、咸蛋、胡萝卜和豌豆苗大火煮沸，加盐、鸡精、白糖调味。

❻ 淋入芝麻油，将汤料盛入碗内即成。

小贴士

✪ 要选用鲜嫩、翠绿的豌豆苗。

✪ 豌豆苗一定要掐去老的部分，否则难以下咽。

✪ 咸蛋和皮蛋不能放太多，以免掩盖豌豆苗本身的鲜美口感。

食物相宜

补充营养

豌豆苗

鸡蛋

健脾益气，
利尿降压

豌豆苗

猪瘦肉

养生常识

★ 大部分松花蛋含铅，食用过多会引起铅中毒，导致失眠、贫血、智力减退、缺钙等症状。

★ 高血压、高脂血症及癌症患者可以多食用豌豆苗。

马蹄炒火腿

⏰ 4分钟　　✖ 促进食欲
🔺 清甜　　🙂 老年人

　　每一种食材都有着其少为人知的秘密，马蹄是一种水果，却有着可以入菜的一面。这道马蹄炒火腿的做法简单、新颖，马蹄肉质洁白、味甜多汁，火腿肉软嫩香郁，两种不同口感的食材搭配在一起，非常互补，吃在嘴里鲜甜脆爽，出乎意料的美味！

材料		调料	
马蹄	300克	盐	3克
火腿肠	100克	味精	1克
红椒片	20克	白糖	2克
姜片	5克	水淀粉	适量
蒜末	5克	食用油	适量
葱白	5克		

食材处理

❶ 将马蹄洗净、去皮、切丁。

❷ 将火腿肠先切条后切丁。

❸ 锅中倒入清水。

❹ 加少许盐、少许食用油烧开。

❺ 放入马蹄，煮沸后捞出。

做法演示

❶ 锅注油烧至三成热，倒入火腿肠，滑油片刻捞出。

❷ 锅留底油，倒入姜片、蒜末、红椒片、葱白。

❸ 倒入马蹄、火腿肠翻炒。

❹ 加剩余盐、味精、白糖炒至入味。

❺ 用水淀粉勾芡，淋入熟油拌匀。

❻ 盛出即可。

小贴士

❤ 马蹄口感爽脆、香甜，不宜炒制过久，否则会影响其口感。

❤ 炒制时加入少许芝麻油，可以使成品味道更加鲜香。

养生常识

★ 春季是流行性感冒的高发季节，可以用洗净的马蹄和板蓝根颗粒一起煮着吃，这是预防流行性感冒很好的方法。

食物相宜

清利咽喉

马蹄

+

梨

补气强身

马蹄

+

香菇

防治孕期便秘

马蹄

+

荷兰豆

羊腩炖白萝卜

⏱ 130 分钟　　✂ 益气养血

🔥 清淡　　☺ 一般人群

　　民间有"冬吃羊肉赛人参"之说，在冬日里炖上一锅羊肉汤也是一件十足的美事。其核心秘诀是少放萝卜、多放肉、少放水，再以小火慢炖，直至萝卜羊肉嫩熟、软烂，两种美味的精华尽收在一锅鲜汤中，鲜香味美，那叫一个棒！

材料		调料	
白萝卜	300 克	盐	2 克
羊腩块	200 克	鸡精	1 克
香菜	30 克	胡椒粉	适量
姜片	5 克	料酒	5 毫升

食材处理

❶ 把洗净的白萝卜切薄片。

❷ 锅中注水烧热，放入羊腩块。

❸ 汆煮片刻，捞出沥干后备用。

食物相宜

益气血，促消化

白萝卜

牛肉

做法演示

❶ 另起锅，注水烧开，放入姜片。

❷ 倒入白萝卜。

❸ 倒入羊腩，淋入料酒拌匀。

❹ 盖上锅盖烧开。

❺ 将锅中的材料移至砂锅。

❻ 将砂锅放置火上，盖上盖，用小火煲2小时。

防治消化不良

白萝卜

金针菇

❼ 揭开盖，加入盐、鸡精拌至入味。

❽ 关火，取下砂锅。

❾ 放入洗净的香菜，撒上胡椒粉即成。

小贴士

✪ 白萝卜和羊腩的最佳用量比例是1：3。出锅时可以撒上少许香菜，味道更好。另外，也可以放少许白糖提鲜。

主食厨房

煲粥技巧

中国人素有喝粥的习惯，特别是在气候湿热的南方，煲粥更是被广为推崇，美食家、养生家皆以煲粥为乐。一锅糯滑黏稠、香气四溢的好粥看似简单，实则大有学问，掌握规律与诀窍，自然信手拈来。

1. 煲粥方法

先将米和水用大火煮到滚开，再改小火将粥慢慢熬至浓稠。最好一次加入足量的水，因为煲粥讲究一气呵成。这期间要讲究粥不离火、火不离粥，而且有些要求较高的粥，必须用小火一直煨到烂熟，至米粒呈半泥状。这样熬煮出来的粥既浓稠，又美味营养。

2. 下锅顺序

煲粥所用材料的下锅顺序是不易煮烂的要先放，比如米和药材要先放入，蔬菜、水果则最后放入，水产类一定要先汆水，肉类则要拌淀粉后再入锅熬煮，这样可以使熬出来的粥看起来清而不浊。

- 辅料垫入碗底，再冲入热粥烫至六七分熟，口感更嫩滑、鲜美。
- 调味用香料则在起锅前撒入即可。

3. 实用技巧

大米粥：首先往锅内倒入适量清水，待水开后倒入大米，这样，米粒里外的温度不同，更容易开花渗出淀粉质。然后用大火加热使水再沸腾，然后改小火熬煮，保持锅内沸滚但米粒和米汤不会溢出。

小米粥：一是要选择新鲜的小米，不要选择陈米，否则煲出来的小米粥口感会大打折扣；二是要注意火候和熬煮的时间，时间控制在 1 小时左右即可，这样才能熬煮出小米的香味；三是在煲小米粥的时候一定要不间断地搅拌，以避免糊底。

黑米粥：煲黑米粥时一定要大火烧开后，改小火再熬煮 1 小时，再关火。喝黑米粥的口感不佳，可以加入鸡蛋。将 2 个鸡蛋彻底搅碎后放入黑米粥中，再放到火上烧开。加了鸡蛋的黑米粥口感就改善了许多，有了一点点的香味，营养丰富，又利于消化吸收。

避开这些喝粥误区

1. 早晨不要空腹喝粥

　　早晨最好不要空腹喝粥，因为淀粉经过熬煮过程会变为糊精，糊精会使血糖升高。特别是老年人，更应该避免在早晨时间段内使血糖上升太快。因此，早晨吃早餐时最好先吃一片面包或其他主食，再喝粥。

2. 粥不宜天天喝

　　在保持健康长寿的饮食方式中，"清淡饮食"应该算是其中相当重要的一环。毕竟，高血压、高脂血症、糖尿病及肥胖等疾病大多都和"吃"有着密切关系。有些人认为，"清淡饮食"就是缺油少盐的饮食，还有些人认为，所谓"清淡"就是用粥替代主食，用素菜替代肉类。其实，这些"清淡饮食"是无益于身体健康的。"清淡饮食"，特别是长期缺乏蛋白质和脂肪的饮食，会给健康带来更大的威胁。

　　人们通过细嚼慢咽让磨碎的食物与唾液充分混合，唾液中的消化酶能让食物在胃中更易消化，喝稀烂的粥食几乎不需要咀嚼，唾液的分泌也会变少；而喝粥又会使胃的容量相对增大，具有饱腹感，所能提供的营养和热量却很有限。天天喝粥，水含量偏高的粥在进入胃里后，也会起到稀释胃酸的作用，对消化不利。

　　粥毕竟以水为主，"干货"极少，在胃容量相同的情况下，同体积的粥在营养上与馒头、米饭还是有一些距离的。尤其是那种白粥，营养

远远无法达到人体的需求量，长此以往，必将导致营养不良。最好不要选择白粥，至少应该加入一点菜或肉，变变花样，以求营养均衡。

● 喝粥应尽量添加辅食，或是在粥中添加其他食材，不仅可以增添口味，获取的营养也更均衡。

3. 夏季不宜多喝冰粥

　　在炎炎夏季，有的人喜欢喝粥店里的甜粥和冰粥。甜粥中加了不少白糖，有增加白糖摄入量的危险。而冰粥经过冰镇，和其他冷食一样，有可能促进胃肠血管的收缩，影响消化吸收。所以，在炎热的夏季不要为了贪图口感和凉爽而大碗大碗地喝甜粥和冰粥，还是喝温热的粥比较好。

煮饭秘诀

水量控制

在将大米淘洗干净后,首先要学会水量的控制,通常水量为米量的 1.4 倍(容积)。当然也要适当参照大米的新旧、个人口味来调整,如脾胃功能较差时,可稍稍多加些水,这样米饭煮熟后会偏绵软、湿润一些。

时间控制

从一锅米架到火上开始,所需加热时间跟米量、水量、水温、火力、气压、外部环境气温等条件密切相关。通常情况下,由水开始沸腾到水分快被收干需要 5 ~ 7 分钟,而由水分收干至米饭熟透需要 20 分钟。

火候控制

在使用火力煮饭时,初始阶段应采用大火使锅中的水快速进入沸腾状态;再转中火持续加热,当大米吸水膨胀、破碎后,留意锅中剩余水的高度;待水快被收干时,再转小火焖熟即可。

TIPS · 电饭锅蒸饭

在现实生活中,人们更多地使用电饭锅来蒸米饭,将大米和水放入锅中,接通电源,按下开关即可。当米饭蒸熟后电源按钮自动跳起时,电饭锅中的米饭会进入保温状态,此时再焖 15 分钟,待锅中的米粒充分吸收水分后,蒸出来的米饭会更加松软可口。

吃米饭的学问多

吃菜配饭，饮食误区

随着饮食生活的改善，许多人因为怕胖，纷纷把传统"吃饭配菜"的饮食习惯改为"吃菜配饭"，其实这是错误的做法。如果多吃肉类及油脂，摄取蔬果及淀粉的比重少，反而是不均衡饮食。动物性蛋白质比植物性蛋白质较易造成心血管疾病，如果每天吃5碗饭，也可以从中获得约20克蛋白质，如果将吃菜等同于吃肉，就得不偿失了。

吃米饭，不易罹患心血管病

由于近年来"饭桶"被当作肥胖的代名词，许多人因担心肥胖而拒吃淀粉类食物。但饮食专家强调，研究发现米饭其实有抑制人体脂质含量上升的作用，具有降低血清胆固醇的作用，摄取米饭者反而较不会患上心血管疾病及肥胖。

巧做米饭，吃出健康

米饭可以搭配很多食物一起吃，运用得当更有益健康。如果有高血压、高脂血症，可以做燕麦米饭、甜玉米粒米饭、白萝卜细小块米饭、枸杞子米饭。如果上火，可以做绿豆米饭、白萝卜条米饭。如果大便不畅，可以做红薯米饭、南瓜米饭。根据不同的时令，还可做不同的水果米饭、胡萝卜小块米饭、香菇米饭、黑木耳米饭，与相应的炒菜相配，效果更好。

● 绿豆应事先用清水泡半天，煮熟后再用来做米饭。

● 米饭中加入红薯块或南瓜块，食用时甘甜可口。

TIPS·勿用冷自来水煮饭

城市中所使用的自来水多通过加氯来消毒，若用生冷的自来水煮饭，水中的氯成分会大量破坏米饭中的维生素成分，让营养价值降低。若使用开水煮饭，生冷的自来水在加热过程中，氯成分便多随水蒸气挥发出来，同时开水煮饭也能大大缩短蒸煮时间，降低维生素因长时间的加热而受到的破坏。

● 大米中所含有的淀粉成分在水温加热到60℃以上时，才会吸收水分膨胀、熟化。

常见面点

中国人的面食种类繁多、风味各异，烙饼、馒头、面条、包子、饺子以及各式面点应有尽有。制作方法或简单或繁琐，各式烹饪方法蒸、煮、烙、煎、炸、烤等如走马灯般悉数登场，深受人们的喜爱。

烙饼：将备好的面团擀压成薄厚均匀、形状适宜的面片，以平底锅烙熟即成。

面条：将备好的面团以拉、削、压、切等方式制成条、片状，再烹饪熟制后食用。

馒头：将加过水、白糖等调料的面粉，经搅拌、揉团、发酵后入蒸笼蒸熟即可。

包子：将备好的面团擀压成片，再填以各类不同的肉馅或菜馅制成团形，入蒸笼蒸熟即可。

酥皮饼：用筋性面团包油酥，多层折叠成皮料。大多包馅后成形、焙烤制成。

蛋糕：用蛋量大，加入糖、面，搅打成糊，浇模成形，焙烤或蒸制均可。

饼干：将油、糖、面、水混合一起，擀片成形、焙烤制成。

月饼：用糖浆和面，经包馅、成形、焙烤制成。

油条：调制成形后以油炸熟制。

制作特点

中式面点种类多样又味美，在制作上主要可以概括为以下两个特点：

❶ 选料精细，花样繁多。中点的选料相当精细，只有将原料选择好了，才能制出高质量的面点。同时中式面点因馅心、用料、成形方法的不同而花样繁多。

❷ 讲究馅心，馅心用料广泛。注重口味馅心的好坏对制品的色、香、味、形、质有很大的影响。

发面技巧

中式面点制作的一大重点就是发面，发面步骤非常讲究技巧，运用得当就会很容易制作出符合要求的面团来，下面就将为你介绍其中的五大技巧。

选对发酵剂

发面所用的发酵剂通常为干酵母粉。它的工作原理：在合适的条件下，发酵剂在面团中产生二氧化碳气体，再通过受热膨胀使得面团变得松软可口。

和面的水温控制

温度是影响酵母发酵的重要因素。酵母在面团发酵过程中要求有一定的温度范围，一般控制在 25℃ ~ 30℃，以 25℃ ~ 28℃为宜。如果温度过低就会影响发酵速度。温度过高，虽然可以缩短发酵时间，但会给细杂菌生长创造有利条件，而影响产品质量。可用手背来帮助测知水温，别让你的手感觉出烫来就行，即便是在夏天，也建议用温水。

面粉和水的比例

面粉、水量的大致的比例：500 克面粉，用水量不能低于 250 克。当然，你也完全可以根据自己的需要和饮食习惯来调节面团的软硬程度。酵母在繁殖过程中，一定范围内，面团中含水量越高，酵母芽孢增长越快，反之，则越慢。所以，面团调得软一些，有助于酵母芽孢增长，加快发酵速度。

揉面团

面粉与酵母、清水拌匀后，要充分揉面，尽量让面粉与清水充分结合。面团揉好的直观形象就是面团表面光滑滋润。注意水量太少揉不动，水量太多会黏手。

5. 二次发酵

材料	作用效果
糖	使用量为 5% ~ 7% 时产气能力大，超过这个范围，糖量越多，发酵能力越受抑制
盐	抑制酶的活性，但可增强面筋筋力，使面团的稳定性增强。添加少许盐，能缩短发酵时间，还能让成品更松软
牛奶	乳制品的缓冲作用，能使面团的 pH 下降缓慢，少许添加可提高成品品质
鸡蛋液	少许添加可增加营养，蛋白具有缓冲作用和乳化作用，可增强面团的稳定性
蜂蜜	少许添加可加速发酵进程，增添风味

面点成形

成形就是将调制好的面团制成各种不同形状的面点半成品。成形后再经制熟才能称为面点制品。成形的好坏与否将直接影响到面点制品的外观形态。

擀：擀是制作饼类面食的基本技术手法，要先将面剂按扁，再用擀面杖擀成需要的形状。

摊：摊是用较稀的水调面在烧热的铁锅上平摊成形的一种方法。其要点是将稀软的水调面用力打搅上劲。摊时的火候要适中，平锅要洁净，每摊完一张要刷一次油，摊的速度要快，要摊匀、摊圆。

滚沾：滚沾成形的面点中最典型的就是元宵。以小块的馅料沾水，放入盛有糯米粉的簸箕中均匀摇晃，让沾水的馅心在干粉中来回滚沾，然后再沾水滚沾。反复多次，即成元宵。

包：包就是将馅心包入坯皮内，使制品成形的一种手法。包的方法很多，一般可分为无缝包、捏边包和提褶包等。

按：按就是将制品生坯用手按扁、压圆的一种成形方法。又细分为手掌根部按、手指按（将食指、中指和无名指三指并拢）两种。多用于形体较小的包馅饼种，如馅饼、烧饼等。

模具成形：模具成形是利用各种食品模具压印制作成形的方法。在使用模具时，不论是先入模后成熟还是先成熟后压模成形，都必须事先将模子抹上熟油，以防粘连。

卷：将面团擀成大薄片，然后刷油（起分层作用）、撒盐、铺馅，最后按制品的不同要求卷起。

切：切的方法多用于北方的面条（刀切面）和南方的糕点。北方的面条是先擀成大薄片，再叠起，然后切成条形。南方的糕点往往是先制熟，待出炉稍冷却后再切制成形。

捏：捏是以包为基础并配以其他动作来完成的一种综合性成形方法。捏的手法多样，技术性较强，捏出来的点心造型更别致，甚至具有一定的艺术性。

饼类制作技巧

中式面点中的饼有很多，或柔韧劲道，或香酥可口，常被作为主食食用。学会一些饼类制作的技巧，可以让你做起来更轻松、更省时。

选择面粉

面粉是最重要的制饼原料，不同的面粉适合制作不同口味的饼，下面将一一介绍。

低筋面粉（蛋白质含量6.5%～9.5%）颜色较白，手抓易成团，筋度及黏度较低，多用于制作口感松软的蛋糕、点心等。

中筋面粉（蛋白质含量9.5%～11.5%）颜色乳白，手抓半松散，筋度及黏度适中，适用范围较广，成品口感软中带韧。

高筋面粉（蛋白质含量11.5%～14%）颜色较深，手抓不易成团，筋度大、黏性强，常用来做面包，成品有弹性、有嚼劲。

揉制面团

想做出好吃的饼，细节也是很重要的，揉制面团时要注意以下三点细节。

 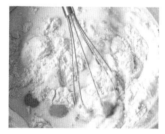 

面粉过筛后，空气夹杂其中，做出来的饼会更松软、有弹性。

搅拌面粉时轻轻拌匀即可，不要用力将面粉的筋度越拌越高。

揉面团时添水要分数次加入，让面团既有弹性，又能保持湿度。

加入油脂

在揉面团时添加油脂的目的是为了提高饼的柔软度和延长保存时间，并可以防止饼干燥。另外，适量油脂也可帮助面团或面糊在搅拌及发酵时，保持良好的延展性，还可让饼吃起来口味香浓。

掌握火候

根据不同原料的特性和制法掌握火候是做好饼的关键。如烙制馅饼时火不宜太大，否则馅心受热急速膨胀，容易造成外皮破裂。另外，在制作油酥类的点心时，还要注意油皮应该要够柔软且比油酥大，整形时则要捏紧，否则

油皮太硬，弹性不足，会造成破裂。

荤素搭配

食物影响你的美丽

肌肤是否美丽，吃什么很重要。比起化学合成的护肤品来说，食物中富含各种各样的营养素能够给肌肤更自然、更充分的滋养。

摄入蛋白质对保养肌肤意义重大。猪蹄、肉皮冻等含有丰富的大分子胶原蛋白质，可使组织细胞内外的水分保持平衡，使肌肤组织细胞变得柔软湿润、富有弹性。维生素和矿物质，如钾、钙、镁、铁等也有利于肌肤健康。动物肝脏中含有丰富的维生素和矿物质，蔬菜水果中也含有丰富的维生素。

- 维生素 A 可使肌肤细腻滋润。
- B 族维生素可使肌肤柔软，富有弹性，减少皱纹产生。
- 维生素 C 可降低毛细血管脆性，促进血红蛋白的生成，使肌肤白里透红。
- 维生素 E 可增强细胞组织活力，预防肌肤干燥，减少色素沉着。

食物影响你的身材

根据食物颜色选择摄入可有助于减肥，如少吃暖色食物可减肥。即看到红色、橘黄色、亮黄色等暖色食物时，要及时"刹车"（抑制住），少吃一点。看到白色、绿色、黑色的食物时，可以适量多吃一些。白色、绿色、黑色的食物多为低热量食物，且膳食纤维含量丰富，是帮助减肥的上佳食材。

- 多吃绿色蔬菜，也有利于减轻压力、缓解紧张、稳定情绪。

应选低热量食材

饮食结构要遵从进出平衡的原则，身体消耗多少热量，就需要补充多少热量。如果热量不足会降低人体功能，而摄入过量则会造成脂肪堆积导致肥胖。

低热量食材主要有以下几类，鱼、虾、蟹肉、海参、海蜇等水生动物由于脂肪低，所含的热量均低于其他肉类；禽类中，飞禽类的热量低于家禽类的热量；畜肉中，牛羊肉的热量低于猪肉的热量，瘦肉低于肥肉；奶制品中，脱脂牛奶比全脂牛奶的热量低；同为蔬菜，绿叶蔬菜、瓜类蔬菜的热量比根茎类蔬菜低。

营养均衡摄入

对于大多数人而言，只要不挑食，注意摄入食物的荤素搭配、粗细搭配，即可很容易达到营养全面、均衡摄入。在主食的安排中，不要只吃精米精面，因为与细粮相比，粗米杂粮中含有更丰富的维生素、矿物质。

● 粗粮当中富含膳食纤维，能增加饱腹感。

多吃蔬果和勤补水

蔬菜和水果不仅含水量高、热量低，而且也是人体获取维生素、矿物质的重要来源。人体正常状态下，机体的 pH 应维持在 7.35 ~ 7.45。机体 pH 若较长时间低于正常值，就会形成酸性体质，使身体处于亚健康状态，表现为机体不适、易疲倦、精神不振、抵抗力下降等。多吃新鲜蔬果等碱性食物，少吃肉食，有利于身体维持正常的弱碱性，有利于调节生理功能和减轻体重。此外，人们日常补水的量与频率也很重要，其基本标准是让自己不感觉口渴。

● 身材肥胖者每日应吃 500 克以上的蔬菜，特别是深绿叶蔬菜。

合理烹饪加工

为了减少蔬菜中维生素的流失，蔬菜要先洗后切，并且切后即炒。如果是急炒白菜，则维生素 C 的损失率只有 0.7%，而倘若连炒带煮，则维生素 C 的损失率就高达 76%。因此，烹调蔬菜最宜急火快炒。做菜汤时，水沸后再放菜，过早放菜会增加维生素 C 的损失。

不要久存蔬菜

很多人喜欢一周进行一次大采购，把采购回来的蔬菜存在家里慢慢吃，这样虽然节省了时间，也很方便，但殊不知，蔬菜放置一天就会损失大量的营养素。例如，菠菜在通常情况下（20℃）每放置一天，维生素 C 的损失就高达 84%。因此，应尽量减少蔬菜的储藏时间。

● 蔬菜储藏时应尽量选择干燥、通风、避光的地方。

蔬菜买回家后不能马上整理。许多人都习惯把蔬菜买回家以后就立即整理，整理好后却要隔一段时间才炒。其实我们买回来的包菜的外叶、莴笋的嫩叶、毛豆的荚都是有活细胞的，它们的营养物质仍然在向可食用部分供应，所以保留它们有利于保存蔬菜的营养物质。而整理以后，营养物质容易流失，菜的品质自然下降，因此，不打算马上炒的蔬菜就不要立即整理，应现理现炒。

不要先切后洗

对于许多蔬菜，人们都习惯先切后洗。殊不知这样做会加速蔬菜营养素的氧化和可溶物质的流失，使蔬菜的营养价值降低。要知道，蔬菜先洗后切，维生素 C 可保留 98.4%～100%；如果先切后洗，维生素 C 就只能保留 73.9%～92.9%。

正确的做法：把蔬菜叶片剥下来清洗干净后，再用刀切成片、丝或块，随即下锅烹炒。如菜花，洗净后只要用手将一个个绒球肉质花梗团掰开即可，不必用刀切。因为用刀切时，肉质花梗团便会被弄得粉碎不成形。当然，最后剩下的肥大主花大茎要用刀切开。总之，能够不用刀切的蔬菜就尽量不要用刀切。

● 清洗蔬菜时不要在水中浸泡时间过长，最好使用流水冲洗。

蔬菜不要切得太小块

蔬菜切成小块，过 1 小时后维生素 C 会损失 20%。蔬菜切成稍大块，更有利于保存其中的营养素。蔬菜不宜切得太细，过细也容易丢失营养素。有关数据表明，蔬菜切成丝后，维生素仅保留 18.4%。

● 一些蔬菜如包菜，若可用手撕断，就尽量少用刀切。

掌握做菜的火候

在烹调方法中，蒸对维生素破坏最少，煮损失最多，煎居中，其排列顺序是蒸、炸、煎、炒、煮。不论用哪种方法，都要热力高、速度快、时间短。做菜时还要盖好锅盖，这样可以防止水溶性维生素随水蒸气跑掉。

炒菜用铁锅最好

用铁锅炒菜维生素损失较少，还可补充铁质。若用铜锅炒菜，维生素 C 的损失要比用其他炊具高 2 ~ 3 倍。这是因为用铜锅炒菜会产生铜盐，可促使维生素 C 氧化。

炒菜油温不可过高

炒菜时，当油温高达 200℃以上时，会产生一种叫作"丙烯醛"的有害气体，它是油烟的主要成分，还会使油产生大量极易致癌的过氧化物。因此，在保证食物熟化、灭杀微生物的前提下，尽量避免长时间高温烹饪，使用中低油温即可。

● 中低油温可有效减少食物中维生素的流失。

少放调料

美国科学家的一项调查表明，胡椒、桂皮、白芷、丁香、小茴香、姜等天然调料有一定的诱变性和毒性，多吃可导致人体细胞畸变，形成癌症，还会给人带来口干、咽喉痛、精神不振、失眠等副作用，有时也会诱发高血压、肠胃炎等多种病变，所以提倡在烹调时尽量少放调料。

连续炒菜须刷锅

经常炒菜的人知道，在每炒完一道菜后，锅底就会有一些黄棕色或黑褐色的黏滞物。有些人连续炒菜不刷锅，认为这样既节省了时间，又不会造成油的浪费。事实上，如果接着炒第二道菜，锅底里的黏滞物就会粘在锅底，从而出现"焦味"，而且食用后会给人体的健康带来隐患。

● 锅底多数为菜肴中蛋白质、脂肪、碳水化合物烧焦后的残留物，具有一定的致癌性。

蔬菜用沸水焯熟

维生素含量高且适合生吃的蔬菜应尽可能凉拌生吃，或在沸水中焯 1 ~ 2 分钟后再拌，也可用带油的热汤烫菜。用沸水煮根类蔬菜可以软化膳食纤维，改善蔬菜的口感。

肉类的常见品种

香肠：川味香肠偏辣，广味香肠偏甜，细品时鲜香味美，醇厚浓郁，便于携带和储藏。

腊肉：味道醇香，肥而不腻，风味独特，具有一定的防腐性，可长时间保存。

培根：猪肉经腌、熏等工艺制作而成，肉色鲜艳，口味咸鲜，带有浓郁的烟熏香。

叉烧肉：属于广东烧味的一种，色泽红亮，软嫩多汁，带有甜甜的芳香味。

火腿：将整个猪腿腌制或熏制而成，传统制作工艺考究，历史悠久，鲜香浓郁。

午餐肉：以猪肉或鸡肉制成，密封罐装，易于保存，肉质细嫩，入口鲜香。

酱牛肉：属于地道的北方荤食，入口软嫩酥松，醇香不腻，咸淡适中，回味悠长。

烤鸭：色泽红润，入口皮脆肉嫩，肥而不腻，带有烤制木柴所独有的香气。

肉类的最佳食用量

成年人每天平均需要动物蛋白质 44 ~ 45 克，这些蛋白质除了从肉类中摄取外，还可以通过奶类、蛋类等补充。成年人每天最好在午餐时吃一次肉菜，食用量以 200 克左右为宜。

晚餐不宜过多吃肉

晚餐过多摄入肉食，会增加胃肠负担。研究证明，晚餐经常进食荤食的人比经常进食素食的人血脂浓度一般要高 2 ~ 3 倍。因此晚餐不宜过多吃肉。

肉块要切得大些

　　肉类含有可溶于水的含氮物质，炖猪肉时释出越多，肉汤味道越浓，肉块的香味则会相对减淡，因此炖肉的肉块切得要适当大些，以减少肉内含氮物质的外溢，这样肉味可比小块肉鲜美。另外，不要用大火猛煮：一是肉块遇到急剧的高热时肌肉纤维会变硬，肉块就不易煮烂；二是肉中的芳香物质会随猛煮时的水蒸气蒸发掉，使香味减少。

肉类焖制营养价值最高

　　肉类食物在烹调过程中，某些营养物质会遭到破坏。采用不同的烹调方法，其营养损失的程度也有所不同。如蛋白质，在炸的过程中损失可达 8% ~ 12%，煮和焖则损耗较少；B 族维生素在炸的过程中损失 45%，煮的损失 42%，焖的损失 30%。由此可见，肉类在烹调过程中，焖制的损失营养最少。

炖肉少加水

　　在炖煮肉类时，要少加水，以使汤汁滋味醇厚。在煮、炖的过程中，水溶性维生素和矿物质溶于汤汁内，如随汤一起食用，可以减少损失。因此，在食用红烧、清炖及蒸、煮的肉类及鱼类食物时，应连汁带汤都吃掉。

与蒜一起烹饪

　　关于瘦肉和大蒜的关系，民间早就有"吃肉不加蒜，营养减一半"的说法，大致意思是说肉类食物与蒜一起烹饪更有营养。

　　动物性食材中，尤其是瘦肉中含有丰富的维生素 B_1，但维生素 B_1 并不稳定，在人体内停留的时间较短，会随尿液大量排出。而蒜中含特有的蒜氨酸和蒜酶，二者接触后会产生蒜素。肉中的维生素 B_1 和蒜素结合能生成稳定的蒜硫胺素，从而提高肉中维生素 B_1 的含量。不仅如此，蒜硫胺素还能延长维生素 B_1 在人体内的停留时间，提高其在胃肠道的吸收率和其在人体内的利用率。

● 将肉剁成肉泥，与面粉等做成丸子或肉饼再加以焖制，营养损失要少得多。

● 吃肉时适量吃一点蒜，既可解腥去异味，又能达到事半功倍的营养效果。

烹饪海鲜技巧

海鲜品种繁多,其营养成分也不尽相同,大多数为高蛋白质、低脂肪,且含多种维生素、矿物质,具有较高的营养价值。那么,烹调海鲜时,应如何保证营养不流失呢?下面将为您解答。

❶ 准确掌握火候。由于海鲜原料质地要么细嫩、要么脆爽,故在烹制时一定要掌握好火候,否则一旦火候过了,原料就会老韧而嚼不烂;如果火候不够,原料又未熟,且口感不好,甚至吃后还会引起疾病。所以,烹制海鲜应当根据原料去掌握好火候。如涮白蛤、涮毛蚶,需先用八成沸的烫水略煮后捞出,再用沸水冲烫至熟。蒸制海鱼类原料,因其肉质细嫩,上笼蒸制时间以 6 ~ 7 分钟为佳,若蒸制时间过长,便会影响海鲜的质量,营养成分也会随之流失。

❷ 避免生食。海鲜类食材容易被肠炎弧菌所感染,特别是在炎热的夏季里,一不小心就容易发生食物中毒,所以不能生吃,而且在烹调前应用清水将食物洗干净,并彻底煮熟之后再食用,这是避免食物中毒的好方法。若购买回家后没有马上烹煮或一次无法煮完,则应包装好冷冻起来,以避免污染到其他食物。

生鲜及熟食所用的容器、刀具、砧板也要分开使用,及时清洗,以免交叉污染。

❸ 减少用油量。海鲜以清蒸、水煮为宜,避免油炸,以体验其鲜嫩、原味。一些海鲜、贝类含有较高的胆固醇,烹调时宜少用油,所淋的明油最好以香油炼制的花椒油替代,既可明油亮汁,又可提香去异味。

❹ 注意盐分含量。有些海鲜类食材为了延长其保存期限,在贩售前会用盐去腌渍,所以食用时应减少用盐量,或在食用之前先用清水浸泡一段时间之后再烹调。

- 以开水蒸鱼,生鱼在突遇高温水蒸气后,凝缩的外部组织会锁住内部的鲜汁,令鱼的味道更鲜美。

- 贝类海产在烹煮前,以淡盐水浸泡 1 小时,有助于吐净泥沙。

海鲜不能与哪些食物同食

❶ 海鲜不能与大量维生素 C 同食。虾、蟹等甲壳类海鲜品中含有一定量的高浓度"五价砷"，其本身对人体无害，但在吃海鲜的同时服用大量维生素 C，"五价砷"就会转化成"三价砷"（即三氧化二砷，俗称砒霜），人体食用后易导致急性砷中毒，严重者还会危及生命。

❷ 海鲜不能与寒凉食物同食。海鲜本性寒凉，食用时最好避免与一些寒凉的食物同食，比如空心菜、黄瓜等蔬菜，饭后也不应该马上饮用一些像汽水、冰水这样的冰镇饮品，还要注意少吃或者不吃西瓜、梨等寒性水果，以免导致身体不适。

❸ 海鲜不能与啤酒搭配食用。食用海鲜时饮用大量啤酒会产生过多的尿酸，从而引发痛风。尿酸过多，会沉积在关节或软组织中，从而引起关节和软组织发炎。痛风发作时，不但被侵犯的关节红肿热痛，甚至会因此引发全身高热。久而久之，患部关节会逐渐被破坏出现畸形，甚至还会引起肾结石和尿毒症。

❹ 海鲜不能与葡萄酒搭配食用。葡萄酒与某些海鲜相搭配时，高含量的单宁会严重破坏海鲜的口味。另外，葡萄酒与蟹搭配也可引发肠胃不适。

❺ 海鲜不能与某些水果同食。海鲜含丰富的蛋白质和钙等营养物质，如果与某些水果，如柿子、葡萄、石榴、山楂等同吃，就会降低蛋白质的营养价值。而且水果中的某些化学成分容易与海鲜中的钙质结合，从而形成一种不容易消化的物质。这种物质会刺激胃肠道，引起腹痛、恶心、呕吐等症状。因此，海鲜与这些水果同吃，至少应间隔 2 小时。

哪些人不宜吃海鲜

❶ 胆固醇和血脂偏高的人。螺、贝、蟹类，尤其是蟹黄，含有很高的胆固醇，胆固醇和血脂偏高的人应该注意少吃或者不吃这类海产品。

❷ 关节炎、痛风患者。海参、海鱼、海带等海产品中含有较多的嘌呤，关节炎、痛风患者不宜常食，否则会加重病情。

❸ 出血性疾病患者。血小板减少、血友病、维生素 K 缺乏症等出血性疾病患者要少吃或不吃海鱼，因为海鱼肉中所含的某些物质可抑制血小板凝集，从而加重出血性疾病患者的出血症状。

❹ 肝硬化患者。肝脏硬化时机体难以产生凝血因子，加之血小板水平偏低，容易引起出血，如果再食用富含抑制血小板凝集的沙丁鱼、青鱼、金枪鱼等，会使病情急剧恶化。

舒心凉菜

　　凉菜是具有独特风格、拼摆技术性强的菜肴，食用时多数都是凉着吃的。凉菜切配的主要原料大部分是熟料，因此这与热菜烹调方法有着截然的区别，它的主要特点是选料精细、口味干香、脆嫩、爽口不腻、色泽艳丽，造型整齐美观，拼摆和谐悦目。一盘好的凉菜应该达到以下要求。

选材要新鲜

　　制作凉菜要选用新鲜蔬菜，不能用霉烂变质、发黄变蔫的蔬菜。有些蔬菜在冰箱里放了一段时间后，会失去原有的鲜美口感和滋味，营养成分也会有所损失，不宜再凉拌。

● 新鲜的蔬菜会带有自然的本色和光泽，多数蔬菜同时还具有纯净的香气。

口感要好

　　在烹调方法上，凉菜除必须达到干香、脆嫩、爽口等要求外，还要求做到味透肌理、品有余香。

刀工要细致

　　刀工是决定凉菜形态的主要工序。在操作上必须认真精细，做到整齐美观、厚薄均匀，使改刀后的凉菜形状达到菜肴质量的要求。

脆香、清爽

　　根据凉菜不同品种的要求，要做到脆嫩清香或爽口不腻。

调味合理，火候适当

　　味要注意一致性，如糖拌番茄，口味酸甜，耐人寻味，如若加上盐，就令人扫兴了。对所用原料进行加工时要注意火候，如蔬菜焯到五六成熟时即好。

● 当卤酱和煮白肉时，要用微火慢慢煮烂，做到鲜香嫩烂才易于入味。

色彩调和

　　在拼摆装盘时要求做到菜与菜之间、辅料与主料之间、调料与主料之间、菜与盛器之间色彩的调和，造型要大方美观。

● 拼摆装盘后的凉菜若能色彩缤纷、色形相映，便极易呈现出诱人的美感。

要注意营养，讲究卫生

凉菜不仅要做到色、香、味、形俱美，同时还要更加注意各种菜之间营养素及其荤素菜的调节，使制成的菜肴符合营养卫生的要求，才能增进人体的健康。

- 拌凉菜时以醋调味不仅可以增添风味，也能减轻食材中维生素因氧化而受到的破坏。
- 烹调时添加植物油有助于人体对胡萝卜素的吸收。

- 葱、姜、蒜的加入可以帮助去除菜中的生涩味或腥味。

- 辣椒带有辛香气，适量加入还有开胃的效果。
- 盐是制作凉菜的重要调料，它能使蔬菜产生脱水效果，有一定的防腐功效。
- 花椒的加入能增添凉菜的香气。
- 糖能增添凉菜的风味，也能使泡菜的发酵速度加快。

节约材料

在凉菜拼摆装盘时，要注意节约原料，在保证质量的前提下，尽力减少不必要的损耗，以使原料达到物尽其用。

随拌随吃

备好主料，随吃随拌，既可保持水分，又可防止污染。

荤素分离

肉食类凉菜在烹制熟后要放在密封容器里，再放入冰箱的冷藏室，防止与其他食物接触造成交叉污染。

味精要化开

凉菜在使用味精时，要用热水化开，待味精溶解后再倒入菜中，使用未经溶化的味精口味较差。

防虫防尘

制好的凉菜，在食用之前，夏、秋季节要罩上防蝇罩；冬、春季节要用干净的布盖上，以防止灰尘落入。

如何制作凉菜

　　一盘清爽的凉菜，夏日能消暑，冬季可开胃，是一年四季都受人喜欢的精致食物。很多凉菜所用的食材不仅经济实惠、获取容易，做起来也口味丰富、简单快捷。部分凉菜需要较为独特的调味品或汤汁，常以甜或咸为底味，再辅以香、辣等味道加以调味，滋味醇厚、鲜美。

　　拌：把生原料或凉的熟原料切成丁、丝、条、片等形状后，加入各种调料拌匀，这类凉菜常具有清爽鲜脆的特点。

　　腌：腌是用调料将主料浸泡入味的方法。腌渍凉菜不同于腌咸菜，咸菜是以盐为主，腌渍的方法也比较简单；而腌渍凉菜要用多种调料，其特征是口感爽脆。

　　水晶：水晶也叫冻，它的制法是将原料放入盛有汤和调料的器皿中，上屉蒸烂或放锅里慢慢炖烂，然后使其自然冷却或放入冰箱中冷却，这类凉菜常具有清澈晶亮、软韧鲜香的特点。

　　卤：将原料放入调制好的卤汁中，用小火慢慢浸煮卤透，让卤汁的味道慢慢渗入到原料里，这类凉菜常具有味醇酥烂的特点。

　　炝：先把生原料切成丝、片、丁、块、条等，用沸水稍烫一下，或用油稍滑一下，然后控去水分或油，加入以花椒油为主的调料，最后进行掺拌，这类凉菜常具有鲜香味醇的特点。

　　酱：将原料先用盐或酱油腌渍，放入用油、糖、料酒、香料等调制的酱汤中，用大火烧开后撇去浮沫，再用小火煮熟，然后用微火熬浓汤汁，涂在原料的表面上，这类小菜常具有香味浓郁的特点。

　　酥：酥制凉菜是将原料放在以醋、糖为主要调料的汤汁中，经小火长时间煨焖，使主料变得酥烂入味。

凉菜调料

一道普普通通的凉菜，大家的制作方法相差无几，但是为什么有的人做出来的凉菜味道特别好呢？葱油、辣椒油（红油）、花椒油，这些调料可是他们做好凉菜的终极法宝。

葱油

家里做菜，总有剩下的葱根、葱的老皮和葱叶，这些原来你丢进垃圾筒的东西，原来竟是大厨们的宝贝。把它们洗净了，记住一定要晾干水分，与食用油一起放进锅里，稍泡一会儿，再开最小火让它们慢慢熬煮，不待油开就关掉火，晾凉后捞去葱，余下的就是香喷喷的葱油了。

● 葱油能显著去除腥膻味及油腻味，并带有一种特殊的香气，让人食欲大开。

辣椒油（红油）

辣椒油跟葱油炸法一样，但是如果你老是把干辣椒炸糊，那么从现在起你可以采用一个更简单的办法：把干红椒切段（更利于辣味渗出）装进小碗，将油烧热立马倒进辣椒里瞬间逼出辣味。在制辣椒油的时候放一些蒜，会得到味道更有层次的红油。

● 辣椒油在调味小菜的出场率可谓极高，它能提味，并带有浓烈的口感和香气。

花椒油

花椒油有很多种做法，家庭制法中最简单的是把锅烧热后下入花椒，炒出香味，然后倒进油，在油面出现青烟前就关火，用油的余温继续加热，这样炸出来的花椒油不但香，而且花椒也不容易糊。花椒有红、绿两种，用红色花椒炸出的味道偏香一些，而用绿色的味道会偏麻一些。

● 花椒油能增强菜的风味，或麻味，或香味，浓郁的椒香会让菜品格外香醇爽口。

美味凉菜用心拌

低油少盐、清凉爽口的凉菜，绝对是消暑开胃的最佳选择，但如何才能做出爽口开胃的凉菜呢？其实这里面的诀窍并不难，下面将教给你用最短的时间、最实用的方法调拌出美味的凉菜。

选购新鲜食材

凉菜由于多数采用生食或略烫，因此选择最新鲜的食材是获取美味的不二法门。尤其要挑选当季上市的食材，不仅量多、价格相对便宜，滋味也更好。

事先充分洗净

在洗菜前须适当修剪指甲，以免指甲将幼嫩的菜叶划伤，并以肥皂认真洗手2～3次。因为长时间将蔬菜浸泡在水中，会使蔬菜中的部分营养成分流失掉，残留的农药也会溶解到水中，均匀覆盖在蔬菜上。所以洗菜时最好选择流水冲洗的方式，注意水流不要过大，以节约用水。采用先洗后切的方式，可最大限度地保留蔬菜中的可溶性维生素。

- 流动的清水具有良好的清洗和稀释作用，能有效带走蔬菜表面上的杂质及残留农药。
- 菜叶根部或菜叶中可能有砂石、虫卵，要仔细冲洗干净。

完全沥干水

材料洗净或焯烫过后，务必完全沥干，否则拌入的调味酱汁味道会被稀释，从而导致风味不足。

食材切法一致

所有材料最好都切成一口可以吃进的大小，而有些新鲜蔬菜用手撕成小片，口感会比用刀切还好。

盐的妙用

例如小黄瓜、胡萝卜等要先用盐腌一下，再挤出适量水分，或用清水冲去盐分，沥干后加入其他材料一起拌匀，不仅口感更好，调味也会较均匀；茄子在削皮或切块后，白嫩的肉质会因空气氧化逐渐变深，若将切好的茄子放入淡盐水中，即能防止其变色；以盐开水浸泡带有泔水味的豆制品，可有效去除异味。

酱汁要先调和

各种不同的调料要先用小碗调匀，最好能放入冰箱冷藏，待要上桌时再和菜肴一起拌匀。这样能较好地节省时间，便于食材能在最新鲜的状态时被及时端上餐桌。

切配与装盘

制作精致的凉菜,切配食材和装盘是关键。单一或多种食材的色彩务必和谐、美观,刀工整齐一致,通常会选择色彩对比较强烈的两种颜色加以搭配。食材与器皿的色彩搭配也要和谐,器皿要尽量能突出菜品的色彩和造型,装饰格调雅致。盛装凉菜的盘子如能预先冰过,冰凉的盘子装上冰凉的菜肴,绝对可以为菜品加分不少。

- 装盘的技巧除了清洁卫生形态美观、色调鲜艳协调以外,也要注意节约用料,避免为追求形势而过于铺张浪费。
- 浅绿色花纹盘与深红色菜的对比效果更好。
- 装盘时合理留出一定的空间,也能突显菜式的高雅品质。

适时淋上酱汁

不要过早加入调味酱汁,因多数蔬菜遇咸都会释放水分,冲淡调味,因此最好准备上桌时再淋上酱汁调拌。

要用手勺翻拌

凉菜要使用专用的手勺或手铲翻拌,禁止用手直接搅拌。

调料要加热

凉菜用的酱油、色拉油、花生油等调料要经过加热才能食用。

火候要到位

凉菜有生拌、辣拌和熟拌之分。对原料进行加工时要注意火候,如蔬菜焯到半成熟时即可,卤酱和煮白肉时,要用微火慢慢煮烂,做到鲜香嫩烂才能入味。一般生鲜蔬菜适合生拌,肉类适宜熟拌,辣拌则根据不同口味需要具体处理。

- 凉拌蔬菜在焯水时要格外注意火候与成熟度,以保证色泽青翠、口感脆嫩。

餐具要严格消毒

夏季气温较高,微生物繁殖特别快,因此,制作凉菜所用的器具如菜刀、菜板和容器等均应消毒,使用前应用开水烫洗。不能用切生肉和切其他未经烫洗过的刀来切凉菜,否则,前面的清洗、消毒工作等于白做。调料中的醋、酒、蒜不仅可以用于调味,也能用于杀菌。

- 制作凉菜所用的厨具要严格消毒,菜刀、菜板、擦布要生熟分开,不得混用。

如何装盘

冷菜拼盘在宴席中虽没有主菜的地位高，但也绝不能忽视，它被人们看作是开胃菜、迎宾菜，它的受欢迎程度将直接影响与餐者对后面菜品的期待与评价。冷菜拼盘通常是将食材加工制熟后，借助一定的刀工技术，将食材切配成丝、条、片、块、段，再遵循巧妙的构思，加以排、堆、叠、围、摆、覆等方法拼摆而成。

❶ 排：将食材平排成行地摆入盘中。常见的有单盘、拼盘、花色拼盘三种。单盘是使用单一食材，讲究刀工整齐；拼盘是使用两种或两种以上食材，讲究色彩搭配和谐；花色拼盘是将多种食材摆拼成整齐、漂亮的图案或形象，具有一定的艺术性和观赏性。

● 单盘

● 拼盘

● 花色拼盘

❷ 堆：将食材堆放在盘中，既适用于单一食材，也适用于简单的加工配色，甚至可以堆出一些简单的形状或纹路。

❸ 叠：将切好的食材一片压一片地叠起来，随切随叠，形状要整齐、美观，其中以梯形最稳定、多见，在顶层或盘边也可以额外加以装饰。

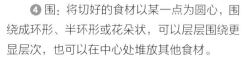

❹ 围：将切好的食材以某一点为圆心，围绕成环形、半环形或花朵状，可以层层围绕更显层次，也可以在中心处堆放其他食材。

❺ 摆：灵活运用多种刀工，将不同颜色的食材加工成多种形状，按照预先设定的图案或形态，一点点摆置妥当，技术性较强，美化效果极佳，如船型、凤凰、孔雀等。

❻ 覆：将食材预先放置在碗中，再翻转过来，扣入盘中即成。这种装盘方法要求操作稳、准、快，预先设计排列好的食材也能获得不错的视觉效果。

制作沙拉

　　沙拉是一种近几年颇为流行的西式凉菜，它的取材广泛，蔬菜、水果、海鲜、肉类、禽蛋等均可制作沙拉，配上美味的沙拉酱，鲜嫩爽口，深受人们的喜爱。一道沙拉中常常会搭配多种新鲜、脆嫩的蔬菜，因为无须加热，所以它能更好地保留蔬菜中的各种营养成分不至于被破坏或流失，营养补充也更趋于均衡。

　　制作沙拉首先要选择新鲜的蔬菜（在冰箱中已经存放了一两天的蔬菜不适合生吃），尽量选绿色无公害产品，食用前用盐水浸泡 10 分钟，能去掉部分有害物质。在准备蔬菜沙拉时，最好不要将蔬菜切得太细碎，每片菜叶以一口能吃下的大小最佳，以免因其太细吸附过多的沙拉酱，而吃进去过多的油脂。

奶油增甜香

　　做水果沙拉时，可在普通的蛋黄沙拉酱内加入适量的甜味鲜奶油，这样制出的沙拉奶香味浓郁、甜味加重，喜欢甜食的朋友可以试着做做。

酸奶拌菜味更美

　　在沙拉酱内调入酸奶，可打稀固态的蛋黄沙拉酱，用于拌水果沙拉，味道更好。

添盐加醋增风味

　　制作蔬菜沙拉时，如果选用普通的蛋黄酱，可在沙拉酱内加入少许醋、盐，更适合人们的口味。

● 如果主菜沙拉配有沙拉酱，很难将整碗的沙拉都拌上沙拉酱时，可先将沙拉酱浇在一部分沙拉上，吃完这部分后再加酱，直到加到碗底的生菜叶部分，逐步吃完。

美味甜品

各式甜品

对于大多数人来说，甜味是一种熟悉且迷人的味道，这让美味的甜品应运而生。近年来，随着社会的发展与饮食观念的进步，越来越多的人开始接触甜品，并乐在其中。那些来自世界各地的甜品众多，港式甜品、广式甜品、台式甜品、西式甜品各有千秋，为人们的饮食生活揭开了多姿多彩的一页。

慕斯

是英文Mousse的译音，是将鸡蛋、奶油分别打发充气后，与其他调料调和而成，或将打发的奶油拌入馅料和明胶水制成的松软型甜食。

泡芙

是英文 Puff 的译音，是以水或牛奶加黄油煮沸后烫制面粉，再搅入鸡蛋，通过挤糊、烘烤、填馅料等工艺而制成的一类点心。

曲奇

是英文 Cookie 的译音，是以黄油、面粉加糖等主料经搅拌、挤制、烘烤而成的一种酥松的饼干。

塔

是英文 Tart 的译音，又译成"挞"。是以油酥面团为坯料，借助模具，通过制坯、烘烤、装饰等工艺而制成的内盛水果或馅料的一类较小型的点心。

布丁

是英文 Pudding 的译音，是以黄油、鸡蛋、白糖、牛奶等为主要原料，配以各种辅料，通过蒸或烤制而成的一类柔软的点心。

派

是英文 Pie 的译音，是一种油酥面饼，内含水果或馅料，常用圆形模具做坯模。按口味分有甜、咸两种，按外形分单层皮派和双层皮派。

各式饮品

以水为主要原料，以各种不同方式、配料加工而成的可直接饮用的液体，包括各种果汁、蔬菜汁、蔬果汁、咖啡、花草茶、奶昔、圣代等；以及在制作饮品的基础上加以冷藏、冷冻，或以其他工艺制成的冷冻饮品，包括冰淇淋、雪糕、刨冰、冰沙等，是盛夏消暑解渴的佳品。

生活中的甜品时刻

诱人的零食大多都属于甜品、点心、甜汤、饮料，甚至连一些大餐馆或西餐馆里最后上的美味也是甜品。这些甜品虽然美味得让人"爱不释口"，却不可多食，它所含有的大量糖分摄入过多也会影响人们的身体健康。"浅尝即可"是人们摄入甜品的基本原则，那么我们选择什么时候吃甜品比较科学呢？

❶ 两餐之间吃：上午 10 点左右、下午 4 点左右是食用甜品的最佳时间。如一些条件优越的外资企业多会在此时安排一点甜点和咖啡让员工们食用并小休片刻。此时间段适当品尝一点甜食，可以消除疲劳、调整心情、减轻压力。但只能"点"到为止，切记不可多食。

❷ 运动前吃：人体在运动过程中，会消耗大量体能，而运动前又不宜饱餐，这时，适量吃些甜品可满足人体运动时所需的一定量的能量需求。

如何做好甜汤

甜汤是中国人的传统甜品，在我国南方，特别是广东地区特别流行。人们会根据自身口味、习惯来准备材料，绿豆、红豆、番薯、枸杞子、红枣、银耳等食材纷纷上阵，不仅味道甜美，更兼具一定的食疗补养功效。

莲子山药银耳甜汤

原料：银耳 100 克、莲子 50 克、山药 50 克、
　　　百合 50 克、红枣 6 颗。

调料：冰糖适量。

宜忌：可滋阴健脾、养心安神，适宜思虑过度、
　　　劳心失眠者食用；风寒咳嗽、脾虚便溏
　　　者忌食。

做法：

❶ 银耳洗净，泡发备用。

❷ 红枣去核，洗净；山药去皮，洗净，切成块；
　 百合泡发洗净。

❸ 银耳、莲子、百合、红枣同时入锅，煮约 20
　 分钟，待莲子、银耳煮软时将山药放入，再
　 煮一会儿，加入冰糖调味即可。

TIPS

煲甜汤时若使用高压锅加热，使用前须熟读使用说明，全面了解该高压锅的注意事项，以避免无谓的危险状况发生。其次，水分是甜汤好吃与否的关键，注意水量的多少及加热时间长短，以红豆为例，想吃口感浓郁的红豆或做成红豆牛奶冰之类的食品，烹煮时水漫过红豆 4 厘米左右即可。

吃果冻的注意事项

果冻是一种源自西方的甜食，多以食用胶、水、糖、果汁等混合制成。它看起来晶莹剔透，吃起来软润爽滑，是人们在闲暇时间最爱的甜品之一。你可以从琳琅满目的便利店货架或西餐厅找到各种口味的果冻食品，但好吃不等于可以多吃，毕竟它含有一定的糖分，吃也要有所节制、讲究科学。

控制食用量

果冻、布丁等甜点会让人发胖是因为其热量较一般食物要高。所以，我们在食用果冻等甜点时最好能制定规划，不要毫无节制地吃得过多，又不要压制自己的食欲，最重要的是做到适度。

避免空腹吃果冻

因为人在空腹时，热量吸收的效果是最好的，而且很容易在饥饿状态下不知不觉吃得过多，这样容易导致热量摄入过剩。空闲时如果实在饿得不行，需要吃点东西填饱肚子，吃些热量较低的点心，如酸奶、水果或苏打饼干也是不错的选择。

饭后不吃高热量的甜点

高热量的点心如巧克力、奶酪等，最好不要饭后吃，因为与食物中的碳水化合物一起消化，吸收的碳水化合物就很容易转化成脂肪留在体内。

累的时候不要吃

甜点会消耗身体内的 B 族维生素，所以以身体疲劳的时候不宜吃果冻、布丁等甜点，否则会感觉更累。同时身体劳累时，胃部的功能也会下降，消化能力就会变差，食用甜点会对身体产生一定的负担。

配合活动量吃

多了解平常喜欢吃的甜点，记得它们哪些热量高，哪些营养多、脂肪少，便可以吃得聪明吃得安心。在身体活动少的时候，这些甜点也要少吃，如放假在家时，因为心情放松，一不小心就会吃太多。

慢慢吃、专心吃

甜点吃得越快，血糖上升就越快，热量就越无法消耗，从而驻留在体内转变成脂肪。因此，慢慢享受果冻、奶冻、布丁等甜品，有助于热量的消耗，而且对稳定情绪有帮助。

● 果冻色泽艳丽、口味多样，这与色素、香精、添加剂密切相关，尽量选择成熟品牌或家庭自制的果冻更为安全、健康。

自制蔬果汁

自制蔬果汁简单方便，只需要在榨汁机里面装好滤网，再把材料放进去，接通电源，按下开关，使榨汁机开始运作就行。如果想榨取比较黏稠的蔬果汁，也可以不使用滤网。现在先来介绍一下榨汁的步骤。

榨汁小步骤

❶ 先将需要榨汁的蔬菜和水果清洗干净，除去不能吃的部位，例如果皮、果核等，再切成 2 厘米左右的小方块即可。

❷ 将过滤网装在榨汁机里面，盖上机盖，将顶上的量杯拿开，放入切好的蔬菜和水果等食材。

❸ 使用相应的工具把材料稍微往下按一下，再加入适量的水，开始榨汁。

❹ 将榨好的果汁倒出来，然后再加入柠檬汁、蜂蜜、冰块等来调味。

慎重去皮

蔬果的维生素与矿物质多存在其果肉中，但一些蔬果的果皮也含有对人体健康有益的营养成分，如苹果、葡萄等。榨汁时应在确保清洗干净的前提下，有选择地保留果皮。

快速榨汁

很多蔬果在切配后，营养成分或多或少都会有所流失，因此榨汁时应尽快完成整个制作过程。不过，有些蔬果需要提前浸泡一段时间，如菠萝等，可提前泡好再榨汁。

现榨现饮

为了确保蔬果汁的鲜美品质不会因光照、空气、温度等因素而发生改变，也能够让人更好地获取蔬果汁中的营养成分，应尽量现榨现饮，并在 30 分钟之内饮用完。实在有剩余的话，为避免浪费，可用保鲜膜封好，放置在冰箱中冷藏。

- 加入柠檬片，可保护其他蔬果中的维生素 C 免受破坏。
- 加入适量冰块，既能调味，也能减少蔬果汁的泡沫，口感更清爽。
- 混搭蔬果可防止口味单一，营养更丰富、全面。

不要过分加热

如果是冬天要喝的蔬果汁，或者想用蔬果汁来治疗感冒、发冷，或者醒酒的话，最好将蔬果汁加热。一般有两种方法：一种是在榨汁的时候加入温水，这样榨出来的果汁就是温的；还有一种是将装果汁的杯子放到温水中加热到接近人的体温即可。

应季蔬果推荐

新鲜的时令蔬菜、水果营养价值高，味道也会更好。反季蔬果多产自大棚，经过某种催熟剂催熟，营养价值也会大打折扣，部分可能会影响人体健康。鲜榨蔬果汁自然讲究食材的新鲜、味美，所以了解应季食材的上市时间变得尤为重要。

春季

白菜、芹菜。

- 白菜中含有丰富的粗纤维，能够刺激肠道蠕动，润肠通便，促进体内毒素排出，帮助消化。

- 芹菜含有大量粗纤维和维生素，有平肝降压、镇静安神的功效，所含芳香成分能增进食欲。

夏季

番茄、黄瓜、南瓜、草莓、芒果、猕猴桃、柠檬、桃、西瓜、香蕉、樱桃。

- 番茄含有丰富的维生素和微量元素，能有效帮助消化、调理肠胃、降低血脂。

- 黄瓜含有葡萄糖苷等多种营养成分，能够清热利水、消肿解毒。

- 南瓜中的胡萝卜素有助于视力健康，促进骨骼发育，长期食用能健脾养肝、降糖止渴。

- 草莓含有的鞣酸能够防止放射性物质对人体的侵害，其所含的天冬氨酸成分能清除人体内的重金属，增强人体免疫力。

- 芒果含有大量粗纤维、维生素A和胡萝卜素，经常食用有利于滋润肌肤。

- 柠檬含有丰富的维生素、微量元素，其中的维生素C能够修复受损的皮肤、预防感冒。

- 猕猴桃中含有丰富的维生素C，能增强人体免疫力，也可以补充体力、降低胆固醇。

- 桃芳香诱人，营养丰富，富含的果胶成分能润肠通便、排毒养颜。

- 香蕉含有的维生素A能增强人体免疫力，经常食用也能促进食欲、帮助消化。

- 西瓜滋味甜美，含有大量的水分，能改善口渴烦躁，是夏日消暑解渴的佳品。

- 樱桃味道酸甜，能补中益气，促进血红蛋白再生，温补肝肾，促进消化，提高人体免疫力。

秋季

菠菜、黄瓜、南瓜、山药、橘子、苹果、葡萄、百合、梨。

✿ 菠菜中含有的类胰岛素能够保证血糖稳定，胡萝卜素能够保护视力，其所含的大量的抗氧化因子具有延缓衰老的作用。

✿ 山药营养丰富，是物美价廉的滋补之品，能滋补肝肾，改善食欲不振、消化不良。

✿ 橘子酸甜可口，有助于补充维生素，橘子汁中含有的"诺米林"物质能防癌抗癌。

✿ 苹果含有大量的果胶，能润肠通便，降低血液中的胆固醇含量，预防高脂血症；苹果中的鞣酸可清除肠道内的垃圾和毒素。

✿ 葡萄中含有葡萄糖，能帮助补充体力，另含有的类黄酮素能够延缓衰老、清除体内的自由基。

冬季

菠菜、芹菜、橙子、白萝卜。

✿ 橙子含有丰富的维生素，能增强人体免疫力，增加毛细血管的弹性，降低血液中的胆固醇；其中的果胶物质还能够刺激大肠蠕动，清理肠道垃圾，排出毒素。